KB193667

셜록 홈스의 과학수사

Science of Sherlock

The Science of Sherlock Holmes

Copyright © Michael O'Mara Books Limited 2020
Originally published by Michael O' Mara Books Limited
All rights reserved.

No part of this book may be used or reproduced in any manner whatever without
written permission
except in the case of brief quotations embodied in critical articles or reviews.

Korean Translation Copyright ⓒ 2020 by Daon Books
Korean edition is published by arrangement with Michael O'Mara Books Limited
through BC Agency, Seoul.

이 책의 한국어판 저작권은 BC에이전시를 통해
저작권자와 독점계약을 맺은 다온북스에 있습니다.
저작권법에 의해 한국 내에서 보호를 받는 저작물이므로 무단전재와 복제를 금합니다.

일러두기
• 영어 및 역주, 기타 병기는 본문 안에 작은 글씨로 처리했습니다.
• 외래어 표기는 국립국어원의 규정을 바탕으로 했으며, 규정에 없는 경우는 현지음에 가깝게 표기했습니다.
• 서적 제목의 경우 번역 원서명을 우선시하였습니다.
• 참고문헌의 경우 본문 제일 마지막에 기재되었습니다.

홈스의 시선이 머무는 현장에는 과학이 따라온다

셜록홈스 과학수사

Science of Sherlock

스튜어트 로스 지음 박지웅 옮김

서문

셜록 홈스(Sherlock Holmes)는 과학의 시대에 나타난 최고의 영웅이다.

그의 출현 이후 엄청난 시간이 흘렀지만 인기는 여전히 식지 않았다. 21세기에도 책, 텔레비전, 영화에 등장해 전 세계의 다양한 세대에서 새로운 팬과 추종자(애호가 사이에서는 최고의 칭찬)를 만들어내고 있기 때문이다. 셜록 홈스의 매력은 시대를 초월한다. 이유가 무엇일까?

신사다운 깍듯한 예의도, 별난 매력이 있는 성격과 재치 때문도 아니다. 외톨이 독불장군이라서도 아니고 범죄자와 악한에게 정의를 구현하려는 의지 때문도 아니다. 멋지기는 하지만, 셜록 홈스만의 개성이라고는 할 수 없다.

홈스만의 차별화된 무기는 뛰어난 지성, 예리한 법과학 기술, 해박한 지식이다. 간단히 말해, 범죄와 사건을 다루는 일에 처음으로 과학 시대의 기술과 정보를 도입한 사람이 셜록 홈스라는 말이다.

오랫동안 엄청나게 많은 셜로키언(Sherlockian, 셜록 홈스의 팬)이 책, 블로그, 기사, 게시물에서 홈스가 사용한 과학과 기술을 다양하게 다루었다. 대부분 질이 상당히 높기는 하나, 서로 관계없는 개인이 쓴 글이므로 불필요하게 중복되는 부분이 있을 수밖에 없다. 이 책은 셜로키언 관련 자료를 하나로 묶어 역사적 맥락에서 살피는 데 그 목적이 있다. 제목을 더 길게 짓자면, '시대를 고려한 셜록 홈스의 과학 및 시간의 진전에 따른 수사 기법과 기술의 발전' 정도가 적당할 듯하다.

먼저 홈스가 활동한 시기의 과학과 기술의 발전 상황을 간략하게 알아보면서 시작하겠다. 과학이 쌓아 올린 시대이자 과학이 대단한 존중을 받는 시절이었다.

그리고 홈스를 창조한 작가인 아서 코난 도일(Arthur Conan Doyle)의 초기 일생을 시대상을 고려한 관점에서 살펴볼 예정이다. 저자가 의사 생활을 했다는 점을 주의 깊게 다루고 싶었다. 참신한 등장인물인 과학 탐정을 창조하는 데 큰 영향을 주었기 때문이다.

다음으로는 홈스가 왜 과학 탐정이라고 불리는지 살펴본다. 홈스가 법과학 수사를 하는 이유는 저자가 의학 교육을 받았기 때문이다. 같은 것을 보더라도 홈스는 관찰하고 우리는 간과한다. 작은 얼룩, 족적, 팔의 멍, 땀에 젖은 모자 띠도 마찬가지다. 홈스의 관찰 방식은 너무도 영민하여 독자는 늘 고통받는 왓슨 박사와 함께 울음을 터트리고 싶게 만든다. '맙소사, 왓슨! 이제 알아차렸다고? 이 뻔한 것을!' 홈스는 '기본'이라는 말을 입에 달고 살지만, 법과학을 연구한 사람에게나 기본일 뿐이다.

홈스의 관찰력이 놀라운 수준이라면, 관찰력을 활용하는 방식은 경악스러울 정도다. 앞으로 같이 살펴볼 텐데, 추리를 펼칠 때 무조건 세밀한 부분까지 생각하면서 하지는 않는다. 크게 중요한 부분은 아니다. 핵심은 홈스가 독자이자 관찰자인 우리를 몰입하게 만든다는 데 있다. 우리는 홈스의 조수가 되어 홈스의 법과학 분석에 넋을 잃고 빠져든다.

홈스의 추리는 믿을 수 없을 정도로 방대한 지식을 기반으로 한다. 홈스 앞에서는 컴퓨터도 한 수 접고 들어갈 정도다. 지난 100년 동안 전 세계에서 일어난 굵직한 범죄 사건을 모두 꿰고 있는 듯하다. 140종의 담배를 재만 보고 구별할 수 있고 42가지 자전거 타이어 종류를 전부 알고 있다. 성경에도 해박하며 스리랑카의 불교를 주제로 수준 높게 토론할 수 있다. 또한, 필체 전문가이기도 하다. 책을 꽤 읽었다는 사람도, 수수께끼라면 내로라하는 사람도 홈스의 명석함 앞에서는 경외심을 품을 수밖에 없다. 묘한 매력의 소유자이자 상상력과 정직함으로 무장한 홈스는 일류 법과학자다.

다음으로는 책의 세 번째 장과 가장 긴 네 번째 장에서 홈스가 해결한 60개의 사건을 살피도록 하겠다. 홈스의 사건이 어째서 과학의 시대와 떼려야 뗄 수 없는 관계인지 알아보는 시간이다. 홈스의 사건에 등장하는 재미있는 과학 이야기는 잠시 접어두고, 20세기와 21세기로 이동해 베이커가의 천재가 살던 시대 이후 세상이 어떻게 발전했는지 살펴보는 시간도 준비해 두었다. 일부 분야에서는 홈스 시절의 기술과 지식은 구닥다리로 보일 만큼 발달했다. 반면, 크게 바뀌지 않은 것도 많은데, 특히 기본적인 방법론 자체는 큰 변화가 없다.

본 책을 세계에서 가장 유명한 탐정의 마음속과 수사 기법 그리고 당시의 과학과 기술을 들여보는 창구로 쓰기 바란다.

1장

과학의 시대

달라진 세계

빅토리아 시대 사람들은 낙관주의자였다. 역사는 동굴에 살던 영장류가 질서를 지키면서도 자유로운 존재로 발전하는 희망찬 이야기라고 믿었다. 위대한 영국에 태어날 만큼 운이 좋은 사람이라면 특히 말이다. 대영 제국을 이룩할 수 있었던 비결은 무엇일까? 바로, 과학이다.

1872년에 윈우드 윌리엄 리드(Winwood William Reade)가 쓴《인간의 순교(The Martyrdom of Man)》에는 이런 문장이 있다. '인류는 과학을 통해서만 발전할 수 있다.' 셜록 홈스는 왓슨 박사에게 리드의 작품을 두고 '최고의 책'이라는 감상평을 남겼다. 꽤 흥미로운 평가가 아닐 수 없다. 뛰어난 탐정인 홈스가 과학과 과학에 근거한 방법을 굳게 믿고 있다는 사실을 다시 한번 확인해주는 셈이기 때문이다. 홈스는 '과학은 모든 것을 바꾸는 학문이며 범죄학 역시 과학이 발전하면서 정밀성이 높아졌다고' 믿었고 본인의 생각이 옳다는 것을 직접 증명했다.

19세기의 과학은 대체 어떤 성과를 올렸기에 홈스의 신뢰를 얻었을까?

지구라는 행성

19세기 과학은 지구를 이해하는 새로운 시각을 제시했으며 우주에서 인간이 차지하는 위치를 영원히 바꾸어 놓았다. 르네상스 시대에 등장한 지동설이 사실임을 증명하고 해왕성의 존재를 예측했다(공식 관찰은 1846년). 또한, 소행성을 발견하고 목록을 만들어 기록했다. 더 놀라운 점은, 태양 역시 평범한 하나의 별이며 지구와 같은 성분으로 구성되었을 뿐 아니라, 우주가 측정할 수 없을 만큼 크다는 사실을 밝혔다는 데 있다.

이 모든 발견은 연쇄 작용을 일으켜 종교를 완전히 끝장냈다는 점에서 상당히 중요하다. 자, 이웃 별인 태양을 중심으로 여러 개

의 행성이 돌고 있다. 그렇다면, 최소한 행성 중 하나 정도는 생명체가 살 수 있지 않을까? 혹시, 또 다른 별 주변을 도는 행성에도…? 이제 특별한 존재가 인간을 창조했다는 설은 의심을 받기 시작했다. 천국과 지옥의 실제 위치 또한 의문에 놓였다.

1887년 발표한《주홍색 연구(A study in Scarlet)》에서 셜록 홈스를 소개받은 왓슨 박사는 괴짜 탐정이 이런 문제에 전혀 관심이 없다고 말했다. 실제로 홈스는 자신의 천문학 지식이 '전무'하다는 사실을 자랑스러워하는 것처럼 보인다. (76쪽 참고)

'자네는 지구가 태양 주변을 돈다고 말하지.' 홈스가 성마르게 말했다. '지구가 태양을 돌든 달을 돌든 내 일은 전혀 달라지지 않는다네.' 하지만, 이런 무심함은 오래 가지 않는다. 1892년에 나온《소포 상자(The Adventure of the Cardboard Box)》에서 홈스는 무척 철학적인 태도를 보인다. '이처럼 불행과 폭력과 공포의 굴레가 이어지는 이유가 무엇이라고 생각하는가?' 홈스는 물었다.

'나는 모든 사건에 이유가 있다고 생각하네. 그렇지 않다면, 모두 우연 때문에 일어난 일이라는 뜻인데, 도저히 받아들이기 어려운 결론이군.'

19세기의 진정한 합리주의자다운 생각이다.

지질학과 신앙

1850년대에 들어서면서 지질학자와 물리학자는 지구의 역사는 짧으면 수백 만년, 길면 수십억 년 전으로 거슬러 올라간다고 주장하며 성경의 6일 창조설을 공격했다. 왓슨은 홈스가 이러한 문제 역시 흥미가 없으며, 홈스의 지질학 수준은 지역별 토양의 종류를 아는 정도이며, '실생활에서 활용할 수 있으나, 지식의 폭이 넓지는 않다.'라고 기록했다.

과학이 구약성서의 역사 기록 대부분에 오류가 있다는 사실을 지적하고 급격한 도시화로 인해 사회 혼란이 발생하면서 종교는 빠르게 몰락한다. 1851년, 잉글랜드와 웨일스를 대상으로 진행한 최초의 종교인 비율 조사에서 1,700만 명 중 1,089만 6,066명이 예배 장소에 방문했다고 밝혔다. 영국에 세속주의라는 바람이 불고 있었다.

홈스의 입장은 정확히 알려진 바가 없지만, 교회에 다니지는 않으며 종교를 보는 시각은 작가인 코난 도일과 유사해 보인다(놀랄 것도 없다). 코난 도일은 오감으로 감지할 수 없는 영의 세계가 전자기파 영역 안에 존재할 가능성이 있다고 생각했다. 그리고 언젠가는 과학이 영혼의 세상과 우리가 사는 세계의 다리를 찾아내리라고 확신했다. 도일의 신념은 셜록 홈스 시리즈에서도 찾을 수 있는데, 1893년에 발표한 《해군 조약문(The Adventure of the Naval Treaty)》에서 홈스는 '종교만큼 추리가 필요한 분야가 없네. 뛰어난 추론가라면 종교를 과학으로 정확하게 설명할 수 있기 때문일세.'라고 단언했다. 또한, 코난 도일은 성경에 관한 지식이 몹시 해박한데,《꼽추 사내(The Adventure of the Crooked Man)》의 끝에서는 '우리아(Uriah)와 밧세바(Bathsheba) 사건'이 등장한다. 홈스는 '상인지 하인지 자세히 기억은 안 나는데 아무튼 사무엘기에 등장하는 내용이네.'라고 말한다.

진화

1859년, 찰스 다윈(Charles Darwin, 1809~1882)이 《종의 기원(The Orgin of Species)》을 내놓으면서 본격적으로 과학의 시대가 도래한다. 지구의 나이, 천체의 수와 특징 같은 이야기는 셜록 홈스를 포함한 많은 사람의 일상과 아무런 상관이 없었지만, 과학이 '멍청한 짐승'의 진화에 관여했다는 사실은 엄청난 파문을 일으켰다.

다윈의 이론에는 막대한 영향력이 있었고 사람들은 이를 정치와 사회 운동의 대의로 사용했다. 자유사상가는 창세기 이야기의 허점을 지적하면서 불합리한(자신의 입장에서) 모든 종교 조직을 공격했다. 낙관론자는 진화와 진보를 같은 선에 놓으면서 과학과 물질적 부의 꾸준한 축적에 대한 자신의 신념이 거역할 수 없는 정당성을 기반으로 한다고 주장했다. 인종차별주의자와 제국주의자는 '백인의 책무'와 우월성을 지지하는 의미에서 진화론을 지지했다. 사회주의자는 진화론을 통해 사회가 봉건주의에서 자본주의를 거쳐 사회주의로 들어설 것이라고 확신했다.

코난 도일은 현명하게도 셜록 홈스가 어떠한 논란에도 얽히지 않게끔 주의를 기울였다.《주홍색 연구》에서 '다윈설'을 지나가는 말로 언급하고 홈스가 다윈에 관한 이야기를 하기는 하지만, 위대한 과학자인 다윈이 음악의 기원을 두고 한 말을 인용하는 데서 끝났다. '진화'라는 단어는 단 한 번 등장하며 그 뒤로는 사건의 전개가 이어진다.

홈스의 감성적인 면모는《해군 조약문(The Adventure of the Naval Treaty)》에서도 드러난다. 다윈의 진화론으로는 설명할 수 없는 점이 있다는 듯하다. '꽃은 신의 자비가 존재한다는 가장 확실한 증거입니다.' 홈스는 단언한다. '다른 모든 것은 우리가 살아가기 위해 있어야 하는 요소이지만⋯. 꽃은 잉여물입니다. 장미의 향기와 색채는 삶을 풍요롭게 할 뿐, 필요하지는 않아요.'

'꽃은⋯. 꼭 필요하지는 않다.'라고 말하면서 내린 결론은 '우리는 꽃에서 희망을 품어야 합니다.' 였다. 홈스는 자연의 아름다움이 신의 존재를 반영한다고 생각하는 듯하다.

홈스와 다윈

홈스는 바이올린 연주에 능하다. 이 점을 생각하면 《주홍색 연구》에서 했던 다윈과 음악 이야기는 상당히 흥미롭다. 다윈이 1871년에 내놓은 《인간의 유래(The Descent of Man)》는 탐정 업무와 별 관련이 없는 책이다. 그러나, 홈스가 알고 있었다는 사실로 보아 과학 연구의 최신 동향에 관심이 있다는 뜻으로 해석할 수 있다. 또한, 음악이 '영혼에 있는 희미한 기억'을 어떻게 흔들어 놓는지 설명하는 부분에서는 홈스가 까탈스러우면서도 신비롭고 감성적인 성격이라는 사실을 알 수 있다.

자연과학

'과학자(Scientist)'라는 영어 단어는 19세기에 처음 나타났다. 예전에는 자연계(물리 세계에서 자연스럽게 발생하는 사건)를 관찰하고 고찰하는 사람을 철학자(Philosopher)라고 불렀으며 철학자의 연구 분야를 '자연철학(Natural philosophy)'이라고 했다. 최고 학위인 박사를 'PhD'(Doctorate of philosophy)라고 부르는 이유도 여기에 있다.

자연과학은 16세기와 17세기에 일어난 과학 혁명에서 태동했다. 자연계를 관찰과 실험에서 도출한 경험적 정보로 분석해야 한다는 사상이 유행한 시기였다. 바꾸어 말하면, 자연계에 관한 가설을 세울 때는 오감으로 확인한 반응에 기초해야 한다는 입장이다(홈스가 사용하는 방법론의 기본이다 62쪽 참고). 기존의 '과학'은 반대였다. 먼저 이론을 세우고, 이론에 따라 관찰했다. 예를 들어보자. 성경은 신이 대홍수를 내려 타락한 세상을 파괴했다고 설명하며, 많은 사람이 화석을 멸망한 세상의 흔적이라고 생각한다.

19세기로 접어들면서 자연과학은 생명과학(생물학)과 물상 과학(물리학, 화학, 지질학, 천문학)으로 나뉘었다. 또한, 재능 있고 유복한 사람이 취미로 하는 공부가 아니라 대학과 의과 대학에서 다루는 학문으로 자리를 잡았다(런던 대학교는 1860년대부터 영국 대학교 최초로 과학 관련 학위를 수여하기 시작했다). 우리가 홈스를 처음 만난 장소도 이 시기의 성 바르톨로뮤 병원 부속 화학 연구실이다. 하필 첫 만남 장소가 병원의 화학 연구실인 이유는 독자가 홈스의 직업을 궁금하게 만들려는 작가의 의도로 보인다. 재미있게도, 홈스는 호랑이 담배 피우던 시절의 천재 아마추어 과학자도 아니고 대학교에서 체계적인 교육을 받은 현대 과학자도 아닌, 그 사이의 인물로 등장한다.

언변 좋고 교양 있는 홈스는 중산층 출신으로 보인다.《그리스어 통역관》(1893)에서는 '나는 시골 지주 집안의 자손일세.'라고 언급한 바 있다. 사립학교에 다녔다는 사실은 확실하다《글로리아 스콧 호》(1893)에서는 '대학 시절' 이야기를 하는데, 아침에 학교 예배당에 갔다는 말로 보아 옥스퍼드나 케임브리지에 적을 두었던 것으로 보인다. 또한, 2년만 재학했다고 했으니 졸업은 하지 않은 듯하다. 왜 학교를 도중에 떠났는지는 알려진 바가 없다. 아마 원만하지 못한 인간관계 때문이었을 가능성이 높다. 행태만 보아도 알 수 있는 것이, 방에 틀어박혀 '축 늘어진' 상태로 시간을 죽이다가 '자신만의 사고방식'대로 연구하고 '동료와 판이한' 주제에 골몰하는 학부생이 교수 눈에 좋게 보일 리가 없다.

그러나, 왓슨은 홈스가 '단 한 번도…. 체계적인 의학 교육을 받은 적이 없는 사람'이지만, '일류 화학자'(『주홍색 연구』)라고 생각한다. 홈스는 '두서없고 특이한' 연구를 진행하면서 '지도 교수를 경악하게 할 만큼 희한한 지식'을 쌓았다. 19세기 화학계에 나타난 굵직한 발견에 관한 지식이나 관점까지 익혔는지는 알 수 없다. 홈스가 돌턴의 원자론(홈스 정전에서 원자라는 단어는 딱 한 번 등장한다. 1904년에 발표한 《여섯 점의 나폴레옹 상》에서 레스트레이드 경감이 나폴레옹 상이 놓아둔 자리에서 원자 단위로 박살이 났다고 했을 때이다), 촉매, 전기 분해, 주기율표, 전자 따위의 개념을 알고 있는지 역시 확실하지 않다.

분명한 점은, 홈스가 경험적 지식을 열정적으로 추구했다는 사실 뿐이다. 당시 새롭게 도래한 학문 과학(Academic science)의 특징이기도 한데, 이로 인해 학술지 수가 엄청나게 불어났다. 1700년에 10개였던 학술지는 1900년대에 들어서면서 1만 개가 넘었다. 《주홍색 연구》에 등장하는 '스탬포드(Stamford) 군'은 홈스의 '정밀하고 확실한 지식에 대한 열정'이 사람을 불안하게 만들 수준이라고 생각했다. 셜록 홈스는 19세기의 자연 과학을 정식으로 배운 적이 없는 자문 탐정이다. 하지만, 지식수준은 일반인을 월등히 상회한다.

의학

19세기에 들어서면서 마침내 의학에 과학을 접목하기 시작했고 이로 인해 잉글랜드와 웨일스의 기대 수명이 25% 늘었다. 가장 크게 개선된 분야가 공중 보건이었는데, 특히 상하수도 시설은 괄목할 만한 발전을 이루어냈다. '세균 원인설'(1870년)이 케케묵은 '독기 이론'을 대체했기 때문에 가능한 성과였다.

수 세기 동안 악취와 질병은 분명한 관계가 있는 것처럼 보였다. 불쾌하고 독한 냄새가 질병을 유발한다는 논리다. 왓슨은《바스커빌 가의 개》(1902)에서 그림펜 늪지대를 살필 때 '부패한 냄새와 끔찍한 독기'가 판을 치는 곳이라고 말했다. 19세기 중반이 되어서야 세균의 이해도가 높아졌고 마침내 세균 원인설이 독기 이론을 역사의 뒷장으로 밀어낼 수 있었다.

19세기는 마취제(아산화질소, 에테르, 클로로폼)와 소독약과 같은 중대한 의학 발전이 일어난 시기이기도 하다. 1902년, 에드워드 7세(King Edward VII)는 충수염에 걸려 수술을 받고 건강을 회복했는데, 예전이었다면 패혈증으로 죽었을 가능성이 높다. 예방접종은 원래 천연두를 막으려고 개발한 수단이었으나, 연구가 이어지면서 광견병, 콜레라, 탄저병까지 막을 수 있게 되었다. 19세기 끝물에는 수술 없이도 사람의 몸 내부를 볼 수 있는 엑스선 기술이 등장했다.

엑스선

신비한 방사선인 엑스선이 있다는 사실은 오래전부터 알고 있었지만, 처음으로 존재를 입증한 시기는 1895년이다. 빌헬름 뢴트겐(*Wilhelm Röntgen, 1845~1923*)은 1895년 말에 엑스선을 발견하는 성과를 올린다. 연구가 끝나기 며칠 전, 뢴트겐은 자신이 발명한 기술을 의학에 어떻게 응용할 수 있을지 실험하는 과정에서 아내의 손을 엑스선으로 촬영했다. 아내는 사진을 보고 '나는 내 죽음을 보았다.'라는 말을 남겼다.

코난 도일은 의학 교육을 받았다(43쪽 참고). 60편의 셜록 홈스 이야기 중 약 56편의 저자인 왓슨 박사도 의사다. 따라서 우리가 홈스를 병원에서 처음 만났다는 사실 역시 크게 놀라운 일이 아니며 여러 이야기에서 질병, 약, 의료 행위(214쪽 참고)에 관한 내용을 찾아볼 수 있다. 《네 사람의 서명》(1890) 중 '대머리 사나이의 이야기'에서는 왓슨이 청진기로 사내의 승모판과 대동맥판에 이상이 없다는 사실을 확인하는 장면이 나온다.《보스콤 계곡 사건》(1891)에서는 '두정골 왼쪽 뒷부분 3분의 1과 후두골 왼쪽 절반'이라는 표현에서 왓슨(코난 도일)의 전문성을 알 수 있다.

짐 오브라이언(Jim O'Brien) 교수가 쓴 명작,《과학자로서의 셜록 홈스(The Scientific Sherlock Holmes)》(2013)도 살펴보자. 《주홍색 연구》에서 홈스가 개발한 혈흔 검사법을 칭찬한 대목이 있다. 9장에서 따로 살펴보겠지만, 홈스는 약과 독에 특히 정통하다. 하지만, 홈스 정전에서는 엑스선이나 사후 검사(잭 더 리퍼 사건이 터지면서 1880년

잭 더 리퍼

1888년, 런던 화이트채플 근방에서 여성을 대상으로 한 연쇄 살인 사건이 발생한다. 범인은 피해자의 목을 베고 해부라도 하듯이 신체를 훼손했다. 사건은 결국 미제로 남았다. 코난 도일은 1894년에 홈스가 사건을 수사했다면 어떤 식으로 접근했을지 밝힌 바 있다. '잭 더 리퍼'는 범인이 쓴 것으로 추정하는 편지에서 딴 별명이다. 코난 도일은 홈스라면 편지의 종이, 잉크, 필적을 자세히 조사했을 것이라고 말했다. 경찰이 완전히 간과한 부분이다. 하지만, 지금은 편지를 보낸 사람은 진범이 아니라고 생각하고 있다.

대에 상당히 뜨거운 주제였다)에 관한 내용은 나오지 않으며 '세균'에 대한 언급 역시 한 마디도 없다. 이는 홈스가 법과학의 많은 분야를 개척한 인물이기는 하지만, 법의학의 일부 주제에는 해박하지는 않다는 뜻으로 해석할 수 있다.

런던

과학이 발전하고 자본과 기술이 융합하면서 영국에서 산업 혁명이 일어났다. 때마침 인구가 급속하게 증가하면서 도시화에 불이 붙었다. 1815년, 런던은 인구가 300만 명이 넘는 세계에서 가장 큰 도시가 되었다. 홈스의 활동기에는 인구가 두 배로 늘어난 상태였는데, 이는 인류 역사상 전례가 없는 속도다. 도시는 미친 듯이 영역을 넓혀 나갔다. 스모그가 자욱한 시내는 으리으리한 저택, 돼지우리 같은 집, 탑, 부두, 골목, 술집, 공장, 작업실이 엉켜 아수라장이었다. 도심 한복판에는 더러운 강이 흘렀고 하루가 다르게 넓어지는 교외에는 아침마다 철커덩거리며 소음을 내는 철도가 수천 킬로미터에 걸쳐 뻗어 있었다. 은행가, 사업가, 지주, 변호사, 상인, 건설업자는 불결한 도시 속에서 예전 세대라면 꿈도 꾸지 못했을 호황을 누렸다.

런던 거리마다 과학과 기술의 흔적을 볼 수 있었다. 가스등, 전철과 지하철, 종착역에 세운 철제 아치 구조물, 강가의 제방, 부두마다 떠 있는 리벳으로 선체를 조립한 증기선이 그 증거였는데, 가장 큰 자랑은 도개교(가동교)와 현수교를 결합한 구조의 위풍당당한 타워 브리지였다(건설 기간 *1886~1896*).

하지만, 진보에는 그늘이 있는 법이다. 당시 영국의 상황을 진보라고 할 수 있다면 말이다. 인구가 수백만 명에 달하는 런던은 엄청난 부를 손에 넣은 자와 가난에 허덕이며 끔찍한 위생 상태에서 허우적대는 자가 함께 어깨를 부대끼며 살아가는 도시였다. 홈스가 활동하는 무대이자, 가장 만족스러운 장소이기도 했다. '대영제국의 온갖 게으름뱅이와 한량을 끌어당기는 거대한 오물 구덩이'(『주홍색 연구』에서 왓슨 박사가 한 말)는 홈스의 흥미를 자극하고 돈이 솟아나는 곳이었다. 과학이 발전하면서 홈스의 고향에서 일어나는 범죄 역시 정교해졌으므로 홈스는 과학을 이용해 범죄에 맞서는 일을 사명으로 삼았다.

통신 수단

1588년 여름, 스페인의 무적함대가 콘월을 지나 런던으로 접근

중이라는 소식을 알리기 위해 24시간에 걸쳐 봉화가 올라갔다. 2세기 후, 《트라팔가르 해전》(1805)에서 넬슨(Nelson) 제독이 대승을 거두었다는 사실을 전하는 데는 37시간이 걸렸는데, 당시로는 획기적인 속도였다. 약 1세기 뒤, 《바스커빌 가의 개》에서 셜록 홈스는 데번에 있는 다트무어(콘월 근처)에서 런던으로 전보를 보내고 불과 몇 시간 만에 답장을 받는다(전보 받았음. 날인 없는 영장 가지고 가는 중. 5시 40분 도착. - 레스트레이드). 19세기 동안 과학은 일상과 업무 형태를 바꾸어 놓으면서 통신 수단에도 혁명을 일으켰다. 사실, 빠른 통신 수단이 없었다면 홈스의 모험 대다수가 별 소득 없이 끝났을지도 모른다.

1878년은 빅토리아 여왕 앞에서 대영 제국 최초의 전화 시연회가 열린 해이다(177쪽 참고). 당시 코난 도일은 의학 대학교에 다니고 있었다. '전기 작가'에 따르면, 셜록 홈스는 당시 19살이었다. 재미있는 사실이 하나 있는데, 전화는 초기의 이야기인 《네 사람의 서명》과 《입술이 비뚤어진 남자》(1891)에만 등장하며 한동안 나오지 않다가 《거물급 의뢰인》(1924)과 《창백한 병사》(1926)에서 다시 언급된다. 이는 문학적인 작가의 취향에 따라 홈스 역시 최신 통신 수단 대신 낭만이 있는 전보를 선호하는 것으로 해석할 수 있다 (146쪽 참고).

전보

전보는 구리선으로 메시지를 전달하는 통신 수단이다. 볼타 전지(전지의 기원), 검류계, 전자석, 계전기의 발명과 함께 발전했다. 1838년, 미국인 사무엘 모스*(Samuel Morse)*가 처음으로 암호 메시지를 전보로 보내는 데 성공했으며 이듬해에는 윌리엄 쿡*(William Cooke)*과 찰스 휘트스톤*(Charles Wheatstone)*이 영국의 그레이트 웨스턴 레일웨이 회사와 손잡고 시범 전신선을 설치했다. 나중에 전신 타자기를 발명하면서 메시지를 전보의 형태로 인쇄할 수 있었다.

홈스가 현대의 수사관이 사용하는 여러 가지 통신 수단을 쓸 수 있었다면 어땠을까? 무선 송신(1900년대 초반), 무선 전화(1946), 팩스(1964), 인터넷(1980년대), 스마트폰(2000년대), 왓츠앱(2009) 정도가 있겠다. 아무도 모를 일이다.

여행

기차는 셜록 홈스 세계관에서 빼놓을 수 없는 부분이다. 전보가 통신에 혁명을 일으켰다면, 철도는 교통을 완전히 바꾸어 놓았다. 세계 최초의 여객 철도는 1830년 9월 15일에 개통한 리버풀 맨체스터 철도다. 그 뒤, 영국은 5년 만에 약 649킬로미터에 달하는 철도 보유국으로 부상했다. 1840년에는 약 2,414킬로미터로 늘어났고 10년 뒤엔 1850년에는 1만 461킬로미터의 철도가 방방곡곡에 깔렸다. 19세기 말에는 두 배 이상 늘어났다.

철도 여행에 관한 이야기는 너무 많이 나오므로 전부 다루기는 어렵다. 나중에 다시 언급하겠지만(173쪽 참고), 기차는 홈스와 범죄자에게 예전이라면 상상할 수 없을 정도로 빠른 기동력을 제공하는 수단이다. 과학의 역설을 보여주는 예시인 셈이다. 범죄자의 활동 반경을 넓히는 동시에 추적에도 도움이 된다. 자동차와 비행기 같은 다음 세대의 교통수단은 《마지막 인사》(1917)에서만 잠깐 등장한다(178쪽 참고).

걷거나 기차를 타지 않을 때 주로 사용하는 교통수단은 도그 카트다. 동물 복지를 중요시하는 독자라면 좋아하는 형사가 개가 끄는 수레를 타고 돌아다닌다는 사실에 화가 날지도 모르겠다. 오해하지 말라. 도그 카트는 허스키가 끄는 썰매에 바퀴가 달린 탈 것이 아니라, 말 한 마리가 끄는 가볍고 천장이 없는 이륜마차다. 원래 사냥용으로 개발했으므로 뒤쪽에 사냥개로 쓸 레트리버를 태우는 상자가 하나 있는데, 덕분에 도그 카트라는 이름이 붙었다.

마차는 기발한 과학이나 기술의 결과물은 아니다. 하지만, 홈스가 주로 급하게 움직일 때 애용한다는 점에서 오늘날 응급 차량의 시초라고 볼 수 있다.

심리학

과학이 외부 세계를 설명하는 학문이라면, 1880년대 이후 대두한 심리학은 사람의 마음속에서 일어나는 일을 이해하는 도구라고 할 수 있다. 사람들은 수천 년 동안 사람의 내면을 종교와 철학으로 분석하려고 했다. 19세기에 이르러서야 '심리학'이라는 용어가 등장했고 기존의 '정신 철학'을 대체했다.

초기 심리학은 프랑스와 독일을 중심으로 발전했다. 18세기 개혁가들이 정신 질환을 임상 분석한 곳이다. 수십 년 뒤에는 '증후군'이라는 용어를 필두로 '조현병', '자폐증' 등의 단어가 탄생했다. 빌헬름 분트(*Wilhelm Wundt*)는 1874년에 《생리심리학 원론(*Principles of Physiological Psychology*)》을 출판하면서 신경계와 뇌의 기능을 이해하면 정신뿐 아니라 신체까지 분석할 수 있다는 사실을 분명히 밝혔다. 홈스가 자문 탐정으로 활동하던 1890년대는 지그문

법심리학

미국심리학회*(American Psychological Association)*는 2001년에 들어와서야 법심리학을 정식으로 인정했다. 법심리학은 사법 절차에 적용하는 심리학 이론과 기술을 다룬다. 그전에는 별개의 학문으로 취급하지 않았지만, 오랫동안 심리학의 하나로 목격자의 신뢰성 판별, 정신질환 진단, 거짓말 탐지 등의 작업에 도움을 주었다. 나중에 따로 알아보겠지만 (232쪽 참고), 홈스는 일부 법정 심리학 분야의 숨은 실력자였다.

트 프로이트*(Sigmund Freud)*가 빈에서 정신분석 연구를 시작한 시기 이기도 하다.

홈스는 단 한 번도 '심리학'이라는 단어를 언급한 적이 없다. 소설에서 심리학이라는 단어가 등장한 사례는 〈심리학 저널*(Journal of Psychology)*〉이 유일하다. 모티머*(Mortimer)* 박사가 '우리는 진보하는가?*(Do We Progress?)*'라는 제목으로 글을 기고한 학술지다(『바스커빌 가의 개』). 이 사실만 보아서는 아무 결론도 내릴 수 없지만, 범위를 정전의 60개 이야기로 넓히면 홈스가 심리학의 발전 과정을 훤하게 꿰고 있다는 결론을 어렵지 않게 내릴 수 있다. 불행히도, 홈스가 범죄자의 행동을 바라보는 시각은 다윈설의 어두운 부분에 영향을 받은 듯하다. '지적 장애' 같은 표현을 쓰며 악한 자들은 태어날 때부터 악하다는 주장을 펼치기 때문이다.《신랑의 정체》(1891)에서 홈스가 제임스 윈디뱅크*(James Windibank)*를 두고 '악독한 냉혈한'이며 언젠가는 '끔찍한' 범죄를 저질러서 교수대에 오를 것이라고 말하는 부분에서도 유추할 수 있다.

정치

19세기 지식인 집단은 이렇게 물었다. '과학으로 정신과 물질세계를 설명할 수 있다면, 인간 사회도 가능하지 않을까?' 그리고 역사를 과학의 관점에서 살피면 사회의 움직임을 관장하는 규칙을 찾아낼 수 있다고 주장했다. 독일 철학자 카를 마르크스*(Karl Marx, 1818~1883)*는 산업화가 불러온 주변 사람의 불행과 불평등을 계기로 같은 연구에 뛰어들었고《자본론*(Das Kapital)*》을 발표했다(1867,

1885, 1894년에 각각 출판하여 총 3권). 마르크스의 중요한 유산인 '과학적 사회주의'는 현대 공산주의와 함께 그나마 온건적인 사회개량주의와 같은 파생물을 낳았는데, 사회개량주의는 이후 영국 노동당의 초기 역사에서 중요한 역할을 하게 된다.

코난 도일은 홈스가 정치 성향을 드러내는 일에 조심스러웠기에 홈스의 정치 견해는 아무도 모른다. 홈스가 빅토리아 후기의 마르스크스주의적 해석을 지지하는지는 알 수 없다는 뜻이다. 하지만, 홈스는 저자처럼 주류와 동떨어진 길을 걸었다. 괴짜에다가 마약을 즐기는 대학 중퇴자이며 거리의 부랑아 집단과 거리낌 없이 지낸다. 반면, 보헤미아의 왕처럼 태어날 때부터 지닌 특권을 남용하는 이는 썩 좋아하지 않는다(『보헤미아의 스캔들』, 1891). 홈스의 과학에 대한 신념이 마르크스주의를 수용하는 방향이 아닐지는 몰라도, 마르크스가 당시 시대의 부당함에 대해 느낀 정의로운 분노에는 어느 정도 동감하는 것처럼 보인다.

2장

최초의 과학 탐정

아서 코난 도일과 과학

등장인물인 셜록 홈스와 작가 아서 코난 도일(1859~1930)은 떼려야 뗄 수 없는 사이다. 둘 다 훈련받은 과학자이며 상상력이 뛰어나다(『바스커빌 가의 개』에서 홈스는 '상상력의 과학적인 활용'이 작업에 필수라고 설명했다). 또한, 이유는 다르지만 둘 다 빅토리아 후기의 중산층이었다가 계층을 옮겼다. 코난 도일이 자신의 성격을 홈스에게 매끄럽게 투영한 덕분에 홈스는 다른 소설의 탐정과 차별화되었고, 영원히 기억에 남을 인물이 되었다.

코난 도일과 홈스는 출세 과정도 비슷하다. 코난 도일은 의사 교육을 받은 덕분에 셜록 홈스 이야기를 쓰는 동안 편안하게 생활할 수 있었고 셜록 홈스 역시 완전하지는 않지만(25쪽 참고) 과학 교육을 받았기에 세계 최초이자 유일한 자문 탐정으로 자리 잡을 수 있었다.

코난 도일은 1876년 에든버러 대학교 의학과에 입학하기 전부터 글쓰기에 열정이 있었지만, 과학에 대한 흥미나 소질은 거의 없었다. 의대에 진학한 이유는 안전하고 명망 높은 직업을 가지기 위해서였지만, 걸작을 만들어내는 데 필요한 기술과 지식도 배울 수 있었다. 코난 도일이 과학 교육을 받지 않았다면 셜록 홈스도 없었을 것이다.

에든버러 대학교

1582년 에든버러 시의회가 설립한 에든버러 대학교는 원래 법학 대학교였다. 1726년, 에든버러 외과 대학교(*Barber Surgeons of Edinburgh, 1505*)와 에든버러 왕립 의학대학교(*Royal College of Physicians of Edinburgh, 1682*)가 통합되면서, 1726년 에든버러 의학대학교(*University of Edinburgh's Faculty of Medicine*)가 탄생했다. 이후, 에든버러 의학대학교는 유럽에서 손꼽히는 과학적 의학 교육 기관으로 성장했다.

코난은 의학대학교에 재학하는 동안 훗날 홈스를 창조하는 데 쓰게 될 의학(외과학, 병리학, 약학 등)을 공부한다. 더 중요한 부분은 젊은 코난이 과학적인 의학을 배웠다는 데 있다. 증상을 기록하고 배운 내용을 바탕으로 환자를 진단하는 접근법 따위를 예로 들 수 있겠다. 여기서 조금만 응용하면 범죄 현장의 증거를 관찰하고 어떤 일이 벌어졌는지 추리하는 일 정도는 쉽다.

셜록 홈스의 탄생에 영향을 끼친 교수는 여러 명이 있는데, 가장 중요한 인물만 다루겠다. 꼼꼼한 관찰력으로 방대한 정보를 얻어내는 홈스의 능력은 요셉 벨(*Joseph Bell, 1837~1911*) 박사를 그대로 참조했다. 1892년에 출판한《셜록 홈스의 모험(*The Adventures of Sherlock Holmes*)》에서 코난 도일이 '매우 놀라운 사람'이라고 평하며 본 책을 벨 박사에게 바친다고 밝혔을 정도다. 코난 도일은 자서전에서 홈스의 법과학 수사 방법은 에든버러 대학교에 다니던 시절 자신을 지도하던 벨에게 배운 것이라고 밝혔으며 이로 인해 벨은 '셜록 홈스의 모델'이라는 별명을 얻었다. 코난 도일은 벨이 관찰만으로 환자가 바베이도스에 주둔한 고지 연대에서 부사관으로 있었다는 사실을 추리하는 과정을 설명한 적이 있다.《주홍색 연구》에서 홈스는 벨과 정확히 똑같은 방식으로 왓슨이 아프가니스탄에서 군의관으로 복무했다는 사실을 알아낸다.

추리 +과학 = 셜록 홈스

코난 도일이 초기에 쓴 글은 기사, 학술 논문, 단편 정도였다. 첫 장편 소설이 퇴짜를 맞자, 코난은 '더 참신하고 흥미로우면서 전문적인 글'을 쓰기 위해 노력했다. 주 관심사였던 역사 소설을 제쳐놓고 추리 소설로 눈길을 돌린 이유도 여기에 있다. '쟁쟁한 사람들 사이에서 나만의 추리 소설을 쓸 수 있을까?'라는 의심이 들기는 했다. 하지만, 결과는 성공이었다. 코난 도일은 지난날을 되돌아보는 동안, 의학 공부를 했던 경험을 다른 추리 소설 작가에게 없는 차별성으로 활용할 수 있다는 사실을 깨달았다. 코난 도일이 창조한 셜록 홈스는 저자의 지식과 기술로 무장하고 '재미있지만 중구난방이었던' 기존 탐정의 업무를 과학의 영역에서 해결하는 모습을 보여주었다.

엄밀히 말하면, 셜록 홈스는 코난 도일만의 독창적인 인물이 아니다. 홈스의 능력과 기술 대부분은 1747년에 《쟈딕(Zadig)》을 쓴 볼테르(Voltaire), 1841년에 《모르그가 살인사건(The Murders in the Rue Morgue)》을 발표한 에드거 앨런 포(Edgar Allan Poe), 1853년에 《황폐한

46

집*(Bleak House)*을 출간한 찰스 디킨스*(Charles Dickens)*, 1868년에《월장석*(The Moonstone)*》을 내놓은 월키 콜린스*(Wilkie Collins)*, 책 이름대로 르콕*(Lecoq)*이 등장하는《르콕 탐정*(Monsieur Lecoq)*》을 선보인 에밀 가브리오*(Émile Gaboriau)*와 같은 작가의 책에서도 찾아볼 수 있다. 1868년에 나온《르콕 탐정*(Monsieur Lecoq)*》을 살펴보자. 프랑스 탐정이 나름대로 법과학 수사를 한다고 하나, '과학'이라는 단어는 단 한 번도 등장하지 않는다. 홈스는 르콕과의 비교를 '성마른 목소리'로 거부했을 뿐 아니라, '참담할 정도로 능력 없는 사람'이라고 일축하면서 유일하게 봐줄 만한 부분은 의욕밖에 없다고 말했다 (『주홍색 연구』).

　언급한 추리 소설에 등장한 수사관이 모두 셜록 홈스와 유사한 부분이 있지만, 진짜 비슷한 사람은 현실에 존재한다. 바로, 현대 범죄학의 아버지로 불리는 프랑수아 비독*(François Vidocq, 1775~1857)*이다. 젊었을 때는 범법자로 살았지만, 손을 털고 프랑스의 범죄 수사 기관인 경찰본부*(Sûreté Nationale)*를 창설하여 관리했으며 동시에 사립 탐정 회사를 운영했다. 시대를 앞서간 첩보 활동, 정확한 기록 관리, 탄도학과 족적에 대한 과학적인 분석(석고 사용) 모두 홈스가 사용하는 방식이다.

팩트에 픽션을 더하다

코난 도일은 독특한 주인공을 만들기 위해 기존의 경찰 관행과 탐정 소설에서 본받을 만한 부분을 선별한 다음 자신만의 개성을 첨가했다. 과학이라는 향신료를 들이부어서 세계 최초의 진정한 과학 탐정을 만들어냈다는 말이다. 도일은 이 남자(19세기 후반의 편견 가득한 사회를 생각하면 남자일 수밖에 없었다)는 직업부터 독특해야 한다고 생각했다. 널리고 널린 경찰이나 사설탐정은 성에 차지 않았다. 머리 회전이 빠르고 관찰력이 좋지만 평범한 시민도 해당 사항이 없었다. 코난 도일은 다시 한번 의료계 종사 경험에서 답을 얻는다. 1878년 이후 전문의를 부를 때 사용하는 용어로 생겨난 '자문의(Consultant)'라는 단어가 새로운 탐정의 호칭으로 더할 나위 없이 잘 어울렸기 때문이다. 시대를 앞선 자문 탐정, 셜록 홈스는 이렇게 탄생했다.

코난 도일은 자신이 받은 교육과 벨 박사의 추리 기술을 적절하게 버무려 셜록 홈스의 능력에 현실성을 부여한다. 작가는 나중에 이렇게 밝혔다. '셜록 홈스는 명석합니다. 지극히 당연한 사실이에요. 하지만, 독자는 증명을 원하죠. 벨 박사가 매일 병원에서 학생을 모아놓고 했던 행동을 보고 싶어 한다는 말입니다.'

셜록 홈스는 원래 후속작 없이 《주홍색 연구》를 끝으로 활동을
종료할 예정이었다. 하지만, 엄청난 인기를 얻으면서 필라델피아
에서 사업을 하던 요셉 마셜 스토더트*(Joseph Marshall Stoddart)*가 탐정
에게 관심을 가진다. 이 미국인은 현재 돈으로 약 1,800만 원에 해
당하는 원고료를 제안하며 후속작을 부탁했다. 코난 도일은 이에
따라 셜록 홈스에게 '또 다른 사건'을 던져주기로 한다. 이 작품
이 대단한 성공을 거둔 《네 사람의 서명》이다. 《네 사람의 서명》
은 코난 도일이 작가의 길을 걸으며 앞으로 58편의 이야기를 쓰
는 계기이자 221B 베이커가의 자문 탐정이 전설이 되는 출발점
이 되었다.

추리 소설

《주홍색 연구》의 첫 번째 장인 '셜록 홈스 씨'와 두 번째 장인 '연역의 과학'
은 저자가 독자에게 자신의 새로운 창작물을 소개하는 부분이다. 여기서
법과학 탐정에게 필요한 모든 자질을 엿볼 수 있다. 정밀하고 세심한 관찰력,
'특정 연구에 대한 광적인 열정', '독특한 분야의 특출한' 지식, 홈스가 '
연역'(62쪽 참고)으로 부르는 범죄 수사 기법 말이다. 여기에 괴짜 같은
성격과 재치까지 갖춘 탐정을 선보이면서 코난 도일은 대작가로 역사에
이름을 남긴다.

3장

셜록 홈스의 법과학

법과학은 사법 절차에 사용하는 과학이다. 민·형사를 가리지 않지만 보통 범죄 현장에서 벌어진 일을 정확하게 알아내기 위해 관찰과 실험으로 정보를 얻는 학문을 일컫는다. 법과학 조사로 얻은 정보는 증거로 인정받을 수 있다.

현대 법과학의 뿌리는 오스트리아에서 1893년에 출간한 한스 그로스(Hans Gross)의 저서,《검시관, 경찰관, 군사경찰을 위한 안내서(The Handbook for Coroners, Police Officials, Military Policemen)》에서 찾을 수 있다. 법과학 기술을 개척한 사람은 20세기 초반에 활동한 프랑스 의사이자 범죄학자인 에드몽 로카르(Edmond Locard)다. 셜록 홈스 시리즈는 소설이 현실을 앞서는 놀라운 작품이다. 코난 도일은 한스 그로스와 에드먼더 로카드의 업적을 책 속에서 한발 앞서 구현했다.

과학 수사 기술

(i) 관찰

《주홍색 연구》에서 홈스는 '연역과 분석의 과학'은 자세하게 관찰하는 데서 시작한다고 설명한다. 저자가 요셉 벨 박사(45쪽 참고)에게 배운 관찰 기술은 홈스가 법과학에 남긴 중요한 선물이다. 왓슨이 홈스와 동거를 시작하고 얼마 지나지 않아 홈스가 기고한 글을 읽는 유명한 장면에서도 관찰의 중요성이 드러난다. 홈스는 이렇게 썼다. '손톱, 옷자락, 신발, 바지 무릎, 엄지와 검지의 굳은살, 표정, 셔츠 소매를 보면 상대의 직업을 쉽게 알 수 있다.'

세밀한 관찰력이 있다면 빠르게 사건을 해결할 수 있다. 《소포 상자》를 살펴보자. 크로이던에 사는 수잔 커싱(Susan Cushing)은 어느 날 소포 하나를 받는다. 상자 안에는 사람의 귀 두 개가 들어 있었다. 홈스는 귀를 어떤 식으로 관찰했는지 설명하기 전에, 왓슨에게 '의사'니까 알고 있겠지만, 사람마다 귀의 특징이 다르다고 말한다. '잘린 귀의 해부학적 특징'을 눈여겨보았던 홈스는 커싱의 귀가 주인 잃은 귀와 '특징이 정확히 일치'한다는 사실을 깨닫고 놀란다. 그리고 관찰에서 찾은 실마리를 쫓아 사건을 해결한다.

관찰력이 중요한 것은 오늘날도 마찬가지다. 홈스가 '다른 사람이 간과하는 부분을 볼 수 있도록 훈련했습니다.'(『신랑의 정체』, 1891)라고 말한 지 125년이 지난 뒤, 티스사이드 대학교의 강사 헬렌 페퍼(Helen Pepper)는 CSI로 활동을 시작했을 때 한 수사관의 충고가 정말 큰 도움이 되었다고 회상했다. '범죄 현장에 도착했을 때 가장 먼저 할 일은…. 아무것도 하지 않는 것이다.' 무슨 말이냐고? '뛰어난 관찰 기술'을 활용해서 '현장의 배치'를 확인하고 '중요한 증거'를 찾으라는 뜻이다.

사람의 귀

귀가 사람마다 다르다는 사실을 알고 있었던 홈스는 시대를 수십 년이나 앞선 셈이다. 법과학자가 귀를 지문과 함께 활용하기 시작한 시기는 1950년이었다. 21세기에 들어서면서 3차원 스캔으로 귀의 특징을 기록하고 다른 사람의 귀와 비교할 수 있게 되었다. 오늘날 귀는 지문보다 훨씬 유용한 신분 확인 수단이다. 디지털 사진으로 귀의 생김새를 식별할 수 있으므로 신체 접촉이 필요 없고 컴퓨터로 단 0.02밀리초 만에 99.6%의 정확도로 신원을 확인할 수 있다.

페퍼의 말에는 홈스가 강조한 또 다른 수사의 원칙이 숨어 있다. 바로, 철저하고 빈틈없이 조사하기 전까지 범죄 현장을 최대한 보존하는 일이 무척 중요하다는 것이다.

《보스콤 계곡 사건》에서 홈스는 보스콤 늪지를 조사하기로 하며 이렇게 말했다. '우리가 현장을 살피기 전에 비가 오지 않는 것이 중요하네.'

다행히, 비는 내리지 않았다. 하지만, 홈스는 범죄 현장이 발자국으로 난장판이 된 모습을 보고 잔뜩 실망하며 '사람들이 물소처럼 몰려와서 쑥대밭을 만들기 전에 왔더라면 일이 훨씬 간단했을 텐데.'라고 말했다. (이 사건은 97쪽에서 자세히 다루겠다.)

따라서, 셜록 홈스 시리즈가 아직도 CSI 교육생 추천 도서라는 사실도 크게 놀랍지 않다. CSI는 코난 도일이 살아있을 때인 1920년대부터 범죄 현장 보존을 철칙으로 삼았다. 어쩌면, 보스콤 늪지에 몰려와서 난장판을 만든 '물소 무리' 때문에 생긴 지침일지도 모른다. 야외에서 사건이 터지면 작은 증거를 찾기 위해 네발로 기어 다니는 일도 불사하는 현대 경찰도 마찬가지다. 홈스는 보스콤 늪지에서 돋보기를 빼 들고 '현장을 자세히 살피기 위해' 진흙탕 위에 우비를 깔고 엎드린 사람이다.

홈스는 발자국을 조사하고 있었다. 발자국 관찰은 증거 수집에서 빠질 수 없는 부분이다. 다른 사건에서는 지문, 사진, 혈흔에서 실마리를 찾기도 한다. 오늘날의 수사 방식 역시 다르지 않으며 홈스가 상상도 못 할 만큼 자세하게 증거를 분석할 수 있는 기술까지 사용한다. 또한, 야외 범죄 현장에는 보존 텐트를 세워서 비가 내려도 증거가 훼손되지 않도록 한다.

이제 현대 수사관에게도 추천하는 관찰의 다섯 단계를 살펴볼 차례다. 사실, 셜록 홈스가 최초의 고안자가 아닐 가능성도 있다. 하지만, 홈스 덕분에 유명해진 것은 사실이므로, 그 연유도 함께 알아보자.

1. 주변 환경

주변 환경이 중요하다는 말은 범죄 현장을 넓은 시야로
관찰해야 한다는 뜻이다. 담배꽁초나 더러운 접시 같은
증거는 범죄의 맥락을 알려준다. 다시 말해, 범죄가 발
생하기 전에 어떤 일이 있었는지 암시한다는 뜻이다. 깨
진 창문이나 열린 서랍(절도 가능성) 혹은 부서진 가구(
폭행 가능성)와 같은 물건은 범죄 유형을 추정하는 데 도
움이 된다.

《주홍색 연구》의 3장, '로리스턴 가든 사건'을 보면 홈스
가 세세한 부분을 보기 전에 먼저 범죄가 일어난 장소
를 넓은 시야에서 관찰한다는 확실한 증거를 찾을 수
있다. 왓슨은 홈스가 시체가 있는 집에 바로 들어가지
않고 '인도를 천천히 오르내리면서 땅, 하늘, 맞은편의
집과 난간을 멍하게 바라보았다.'라고 기록했다. 왓슨과
경찰은 홈스의 '태평한 분위기' 때문에 의중을 읽지 못
한다(현대의 독자는 그렇지 않겠지만).

2. 증거의 위치

수사관은 증거 자체만을 관찰해서는 충분한 정보를 얻

을 수 없다고 배운다. 증거가 정확히 어디에 있었는지까지 주목해야 한다. 시체가 있다면 더 중요해지는 부분이다. 살인 현장에서 시체를 옮기기 전에 시체를 모든 각도로 촬영하는 이유가 여기에 있다.

《실버 블레이즈》(1892)에서 홈스는 존 스트레이커(*John Straker*)의 외투를 중요한 단서로 지목한다. 발견 당시 '가시금작화 덤불에서 펄럭거리고' 있었다. 바람이 세게 불지 않았으므로 주인이 코트를 덤불 위에 올려놓았다는 뜻인데, 스트레이커가 살해당했다면 일어날 수 없는 일이다. 이야기를 읽은 사람이라면 결말을 알 텐데, 스트레이커는 겁에 질린 경주마의 발차기에 맞아 죽었다.

3. 지문

가장 흔하고 유명한 현장 증거가 지문이다. 범인을 파악하지 못한 상태라면 지문을 최우선으로 찾는다. 앞으로 보게 되겠지만, 홈스는 모든 형태의 지문이 중요하다는 사실을 잘 알고 있다. 현대 기술이 어떤 원리로 대부분 표면에서 지문을 채취할 수 있는지도 살펴보도록 하자. 발자국과 같은 다른 흔적, 특히 바퀴와 타이어 자국 역시 수사에 도움이 된다.

4. 피

섬뜩하기는 해도 많은 수사에서 중요하다. 강력범죄 현장에서 찾을 수 있는 확실한 증거이며 피해자의 신원이나 제삼자의 개입 여부를 밝힐 수 있다.

셜록 홈스는 현대식 DNA 검사 장비가 없었지만, 피가 무척 중요한 증거라는 사실은 알고 있었다. 왓슨이 홈스를 소개받을 때도 홈스는 '혈흔을 확실하게 찾아낼 수 있는 검사 방법'을 발견해서 흥분하고 있었다(243쪽 참고).

5. 잔여물과 흔적

수사관은 사건 현장을 샅샅이 뒤지면서 최대한 많은 증거를 수집한다. 사격 흔적, 실오라기, 머리카락 한 가닥과 같은 작은 증거도 결정적인 역할을 할 수 있다. DNA 검사를 발명하면서 증거의 가치는 더 커졌다.

사람들은 셜록 홈스라는 말을 들으면 국적을 불문하고 호리호리한 매부리코 남자를 떠올린다. 사냥 모자를 쓰고 파이프 담배를 피우며 돋보기를 자세히 보기 위해 몸을 앞으로 기울인 모습이다. 증거를 찾는 모습이다. 셜록 홈스는 증거의 중요성을 이해한 초기 탐정 중 하나다. 현대의 수사 기술 없이 활동하지만, 범죄 현장에서 증거를 수집하는 일이 무척 중요하다는 사실을 이해하고 있다.《주홍색 연구》에서 '담뱃재를 보고 담배 종류를 구별하는 방법'을 주제로 논문을 썼다는 점에서도 드러나는 사실이다. 홈스는 색을 넣은 삽화와 함께 140종의 담뱃재를 설명했다.

담뱃재

경찰이 홈스처럼 담뱃재를 법과학적으로 분석하는 데는 오랜 시간이 걸렸다. DNA 검사를 도입하면서 꽁초를 분석해 범인을 잡을 수는 있었지만, 2017년 전까지 담뱃재를 과학적으로 분석하는 방법은 없었다. 플로리다의 법과학 연구진은 담배 제조사별 담뱃재 형태를 구별하는 방법을 개발했으며 같은 제조사의 다양한 제품을 식별하는 추가 연구를 촉구했다.

법과학 기술

(ii) '추리의 과학'

추리의 세 가지 유형으로 시작하겠다.

연역법

'연역법(Deduction)'을 뜻하는 영어 단어는 라틴어에서 유래했다. '~에서'를 뜻하는 'de'와 '끌다'를 뜻하는 단어인 'duco'가 합쳐지면서 '끌고 나오다'라는 'Deduction'이 탄생했다. 다시 말해, 연역법이란 하나의 진술이나 가설에서 결론을 끌어내는 작업을 뜻한다. 일반적인 사실에서 구체적인 결론을 끌어내며 오직 논리에만 의존한다. 시작점이 참이라면 반드시 결론도 참이다.

예시는 다음과 같다. X=Y고 Y=Z면, X=Z다.

모든 말은 다리가 네 개다. 실버(*Sliver*)는 말이다. 따라서, 실버는 다리가 네 개다.

연역법은 일반적인 사실에서 개별적인 결론을 유도한다.

귀납법

귀납법(*Induction*)의 영어 어원 역시 라틴어다. '~안으로'를 뜻하는 'in'과 '끌다'라는 의미가 있는 'duco'를 합하여 '끌고 들어간다'라는 'Induction'을 만들었다. 단어의 뜻에서 알 수 있듯이, 연역법과 반대로 작동한다. 증명할 수 있는 관찰을 기반으로 이론이나 결론을 도출한다. 결론은 새로운 관찰에서 다른 결과가 나올 때까지만 사실로 취급한다.

예를 들어보자. 여러분이 만난 모든 스코틀랜드 사람은 스코틀랜드 억양이 있었다. 따라서, 모든 스코틀랜드 사람은 스코틀랜드 억양으로 말한다는 결론을 도출할 수 있다.

귀납법은 개별적인 사실에서 일반적인 결론을 찾는다.

귀추법

세 번째 추리 방법은 귀추법(*Abduction*)이다. 먼저, 하나 이상의 관찰한 사실로 시작한다. 여기서 관찰 내용을 가장 그럴듯하게 설명하는 가정을 추론한다. 결론이 가능성이 있고, 그럴듯하더라도 확신해서는 안 된다.

예를 들어보자. 열이 많이 나고 피부에 농포가 생긴 사람이 있다. 고열과 농포는 천연두의 증상이다. 따라서, 이 사람은 천연두에 걸렸다고 결론을 내릴 수 있다. 물론, 수두나 다른 질병이 원인일 가능성도 존재한다.

귀추법은 개별적인 사실을 설명할 수 있는 가정을 찾는다.

이제 세 가지 추리법을 기반으로 홈스의 추리를 살펴보자.

홈스의 추리

코난 도일은《주홍색 연구》의 두 번째 장에 '연역의 과학'이라는 이름을 붙였다. 의도인지 우연의 일치인지는 몰라도, 두 번째 홈스 시리즈인《네 사람의 서명》첫 장 역시 제목이 같다. 코난 도일은 어떤 의도로 '연역'이라는 단어를 선택했을까? 용어를 정확하게 사용한 것이 맞을까?

홈스와 왓슨 모두 추리에서 얻은 결론을 가리킬 때 '연역'이라는 단어를 사용한다.《주홍색 연구》에서 왓슨은 홈스가 기고한 논문인 〈인생의 서(Book of Life)〉를 보고 '논리는 빈틈없고 예리하다'라고 생각하지만, 연역하여 내린 결론은 '억지스럽고 과장이 섞여 있다'고 평하며 '말도 안 되는 헛소리'라는 결론을 내린다.

홈스는 왓슨의 비평을 기쁘게 받아들이고 왓슨을 처음 만났을 때 아프가니스탄에서 복무했다는 사실을 알아낸 '연역 과정'을 설명한다. 홈스의 말에 따르면, 모든 과정은 대부분 무의식 속에서 일어났으며 추리를 마치는 데는 1초도 걸리지 않았다. 정확한 과정은 다음과 같다.

관찰: '의사처럼 보이는 신사군. 하지만, 분위기는 군인이야.'

연역: '육군 군의관이 확실해.'

관찰: 얼굴은 검지만, 손목은 타지 않았어.

연역: '막 열대지방에서 돌아왔군.'

관찰: 얼굴이 초췌한걸.

연역: '고생을 많이 했군. 병에 시달린 적도 있고.'

관찰: 왼팔을 뻣뻣하고 부자연스럽게 움직이는군.

연역: 팔을 다쳤나 보군.

관찰 요약: 열대지방에서 온갖 고초를 겪고 왼팔을 다친 영국인 군의관.

65

연역하여 내린 결론: 이 신사는 아프가니스탄에서 복무했다.

이 만남은 독자가 이야기에 몰입하고 마법 같은 추리력에 홀리게 만든다. 셜록 홈스라는 인물의 매력을 기억에 남기는 무대인 셈이다. 하지만, 좋은 소설이 논리까지 뛰어나기란 어려운 법이다.

왓슨이 아프가니스탄에서 복무했다는 결론을 도출한 사고 과정을 자세히 살펴보자.

먼저, '의사처럼 보이는 신사군. 하지만, 분위기는 군인이야.'라는 관찰에서 '육군 군의관이 확실하다.'는 결론을 내린다.

왜? 왓슨이 의사처럼 보이는 이유는 전혀 나오지 않는다. 백번 양보해서 의사 느낌이 있다고 가정하자. 그런데 '군인의 분위기'를 풍긴다고 해서 꼭 육군이라는 법은 없다. 해군 군의관일 수도 있다는 말이다.

이제 그은 얼굴과 흰 손목을 보고는 '열대지방에서 갓 돌아왔다.'라는 결론을 내린다. 열대지방이 아니라 지중해에 다녀왔거나 등산, 요트, 승마 같은 스포츠를 즐기다가 얼굴이 탔을 가능성도 있지 않은가?

초췌한 얼굴을 보고는 '고난과 질병'을 겪었다고 판단한다. 가능성은 있다. 하지만, 불면증이나 과로로 고생하거나 최근 들어 술자리가 잦았을지도 모르는 일이다.

결국, 짜잔! 왓슨은 아프가니스탄에서 온 퇴역 군인입니다! 라는 결론으로 추리를 마친다. 맞다. 영국은 1878년에서 1880년까지 2차 앵글로 아프간 전쟁을 치렀다. 따라서 최근에 다친 군인이라면 전쟁에 참여했을 가능성이 높다. 하지만, 당시 영국은 수천 명의 군인을 전 세계에 파병한 상태였고 다른 나라에서 숱하게 벌어지던 교전에서 다쳤을 가능성도 무시할 수 없다.

공평성을 위해, 아프가니스탄 문제는 제쳐놓고 다른 이야기에서 홈스의 추리를 더 살펴보자.

《바스커빌 가의 개》에서 헨리 바스커빌(Henry Baskerville) 경은 신문에서 글자를 오려서 붙인 익명의 편지를 받는다. 편지에는 '죽기 싫으면 황무지를 떠나라.'라고 적혀 있었다. 홈스는 신문을 즐겨 읽으며 활자에 능했기에 바로 범인이 사용한 신문이 〈더 타임스(The Times)〉라는 사실을 알아차리고 어떤 기사에서 잘랐는지까지 파악한다. 여기에는 문제가 없다.

홈스는 편지를 계속 관찰하면서 글자를 자른 도구가 손톱 가위라는 결론을 내린다. 마찬가지로 정밀한 추리이기에 반박할 구석이 없다. 문제는 다음이다. 글자를 제멋대로 붙였기에 홈스는 편지를 서둘러서 만들었다고 생각한다. 그리고 주소는 잉크가 거의 없는 잉크 통에서 찍은 낡은 펜으로 적었기에 긁힌 자국이 있었다. 홈스는 이를 보고 편지를 호텔에서 썼다고 결론을 내린다. 두 추리 모두 의아한 구석이 있다. 범인이 일부러 글자를 삐뚤삐뚤하게 붙였다면? 그리고 낡은 펜과 잉크가 거의 없는 잉크 통이 호텔에만 있으라는 법은 없지 않은가?

위의 예시는 셜록 홈스가 '연역법'이라고 부르는 추리 방식이 사실은 '귀납법'이며 대부분은 '귀추법'이라는 사실을 보여준다. 다양한 관찰을 통해 가장 그럴듯한 결론을 내린다는 말이다. 인공지능과 정보 분석 체계가 소셜미디어에서 정보를 수집해 타깃 광고를 하는 원리와 비슷하다.

홈스는 이번 세션의 시작 부분에서 언급한 세 가지 추리 방식을 모두 사용한다. 가끔 진짜 연역법을 사용할 때도 있다. '프라이어리 학교'에서는 어떤 사람이 자전거를 타고 사립초등학교의 북쪽을 지나갔다는 가설을 세운 다음, 증거가 될 자전거 바퀴 자국을 찾아 나선다. 《악마의 발》(1910)에서는 홈스가 모티머 트레제니스 *(Mortimer Tregennis)*가 여동생과 비슷한 방법으로 죽었다는 가설에서 출발해 추리를 시작한다. 홈스는 이러한 과정을 '역추리 혹은 분석'이라고 설명한다.

홈스의 마인드맵(범죄 수사 드라마에서 벽에 걸어놓는 일종의 도표)을 보면 어떤 식으로 추리하는지 이해하는 데 도움이 될 것이다. 《얼룩 끈》(1892)에서 홈스의 추리 과정은 다음과 같다.

문제

1. 줄리아 스토너(Julia Stoner)는 약혼 이후, 의심스러운 정황에서 죽었다(죽기 전, '얼룩 끈.'이라고 비명을 지름

2. 헬렌 스토너(Helen Stoner)도 최근 약혼했으며, 언니처럼 죽을지도 모른다는 생각에 두려워하고 있다.

집시

범인일 가능성:

행실이 나쁘다.

얼룩 '끈' = 집시의 머리띠?

동기:

로이로트(Roylott) 박사와 친하다.

살인 청부를 받았나?

범인이 아닐 가능성:

자매의 방에 접근할 수 없다.

발자국이 나오지 않았다.

분명한 동기가 없다.

로이로트 박사(유력한 용의자)

범인일 가능성:

동기 - 스토너 자매의 결혼으로 입는 경제적 손실

살인 전과

잔인한 성격

다혈질

범인이 아닐 가능성:

줄리아 스토너의 죽음에 연루되었다는 증거가 없다.

줄리아 스토너가 죽었을 때 자신의 방에 있었다.

용의자

로이로트 박사는 거짓 핑계를 대고 약혼한 헬렌 스토너를 죽은 언니의 방으로 침실을 옮기게 했다

로이로트 박사에 관한 정보: 인도에 있을 때 특이한 동물을

현장 구조

로이로트 박사의 방 옆으로 자매의 침실이 늘어서 있다.
방에 들어갈 방법은 문(잠김)과 창문(빗장이 걸림) 그리고 통풍구 (작음)뿐이다.
침대는 바닥에 고정해 놓았다.
왜 통풍구를 방 사이로 뚫었을까?
잡아당겨도 소리가 나지 않는 설렁줄이 통풍구에서 침대로 이어져 있다.

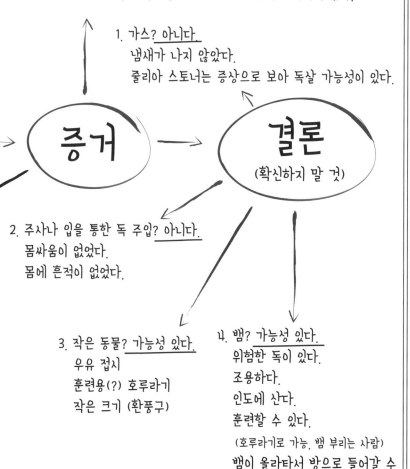

1. 가스? 아니다.
   냄새가 나지 않았다.
   줄리아 스토너는 증상으로 보아 독살 가능성이 있다.

증거 → 결론 (확신하지 말 것)

2. 주사나 입을 통한 독 주입? 아니다.
   몸싸움이 없었다.
   몸에 흔적이 없었다.

3. 작은 동물? 가능성 있다.
   우유 접시
   훈련용(?) 호루라기
   작은 크기 (환풍구)

4. 뱀? 가능성 있다.
   위험한 독이 있다.
   조용하다.
   인도에 산다.
   훈련할 수 있다.
   (호루라기로 가능, 뱀 부리는 사람)
   뱀이 올라타서 방으로 들어갈 수
   있는 줄이 있다.

홈스와 직관 그리고 상상

연역법, 귀납법, 귀추법, 인공지능과의 유사성에 관한 이야기를 듣다 보면 홈스의 방식이 '지나치게 과학적'이며 '피도 눈물도 없다.'(26쪽 참고)라고 말한 스탬퍼드 군처럼 우리도 오해를 범할 수 있다. 왓슨도 비슷한 실수를 했는데, '자네(홈스)는 사람이 아니라 기계에 가깝네! 가끔 보면 인간미라고는 전혀 느껴지지 않는다는 말일세.'라고 소리친 적이 있다.

홈스가 추리만 하는 로봇이라면 왓슨이 집을 함께 쓰지도 않을 테고 코난 도일의 소설이 세계적인 성공을 거두지도 못했을 것이다. 엄청난 추리력과 과학 지식의 소유자를 19세기 말 특유의 퇴폐적이고 자유분방한 인간으로 선택했다는 점에서 코난 도일의 천재성을 엿볼 수 있다. 셜록 홈스는 논리를 펼칠 때는 한없이 무자비하지만, 마약을 즐기며 '여송연은 석탄 통에, 담배는 페르시안 슬리퍼 끝부분에, 답장하지 않은 편지는 잭나이프에 꽂아 보관하는' 제멋대로의 사람이다. 칭찬을 받으면 기뻐서 얼굴을 붉힐 줄 알고 '존경과 갈채를 바라는' 한 명의 인간이라는 말이다(『여섯 점의 나폴레옹 상』).

홈스가 자신의 추리 방식을 직접 설명하는 장면을 자세히 보면 알 수 있는 부분이다.《바스커빌 가의 개》에서 모티머 박사는 홈스가 사용하는 '연역법'은 '추측'이라고 말한다. 그러자 홈스는 자신이 하는 일은 '여러 가설을 저울질해서 가장 그럴듯한 쪽을 선택하는 작업'이라고 가감 없이 밝힌 바 있다. 아프가니스탄 추리도 마찬가지다. 물론, '상상력을 과학적으로 활용'하기는 하지만, '언제나 추측의 시작은 물질 근거'라고도 설명한다(저자가 이탤릭체로 강조한 부분이다).

《주홍색 연구》의 결말 부분에서 홈스는 자신이 '머릿속'에서 '역추리'를 어떻게 시작하는지 설명한다. 결과를 보고 사건의 발단을 알아내는 방법이다.《실버 블레이즈》에서도 '상상력의 가치'를 강조하며 비슷한 말을 한다.《공포의 계곡》(1914)에서는 수사학적인 말을 하는데, '상상이 현실이 되는 일은 무척 흔하지 않은가?'라는 질문을 던진다.

홈스가 맡은 사건에서는, 아마 꽤 많은 듯하다.

왓슨은 홈스가 논리력과 상상력을 동시에 갖춘 인물이라는 사

실을 자주 강조한다.《붉은 머리 연맹》(1891)에서 왓슨은 홈스에게 '두 가지 면모'가 있는데, '정확하고 빈틈없는 성격'을 가감 없이 드러내다가도 '시적이고 사색적인 분위기'를 풍긴다고 묘사한다. 성격을 반대로 바꿀 때는 '몹시 나른하다가도 활력이 넘친다.'라고 표현했으며 '엄청난 추리력을 직관에 가까운 수준으로 활용한다.'라고 말했다. 홈스의 두 가지 성격은 218쪽에서 더 자세히 알아보도록 하자.

그런데 '이중성' 때문에 문제가 조금 발생한다. 왓슨도 홈스가 사고 과정에서 추리와 논리의 수준을 넘어 타의 추종을 불허할 정도로 신비로운 직감의 영역으로 들어간다는 사실을 인정한다. 이러한 추리 방법은 사실 연역법도 귀납법도 귀추법도 아니다. 사람들은 여기에 '과거 예언(Retrospective Prophecy)'이라는 이름을 붙였는데, 꽤 정확한 표현이다. 앤드루 리세트(Andrew Lycett)가 쓴《코난 도일(Conan Doyle)》에서(164쪽 참고) 홈스는 사소한 증거도 간과하지 않고 예언에 가까운 수준의 추리를 해내는 근거로 활용하기 때문이다.

이쯤에서 알아야 할 사실이 있다. 이후의 이야기에서, 코난 도일은 홈스가 수사에서 사용하는 직감의 비중을 줄이고 순수한 추리력을 강조하려 했던 것으로 보인다. '창백한 병사'에서 가장 잘 드러나는 부분인데, 홈스는 이렇게 말한다. '불가능을 제외하고 남은 것은 아무리 믿을 수 없어 보이더라도 진실이다.' (원래, 에드거 앨런 포의 오귀스트 뒤팽*(Auguste Dupin)*이 했던 말이다) 만약, '여러 개' 가 남았다면 '검증에 검증을' 반복하여 '설득력 있는' 가설 하나를 제외하고 전부 지워야 한다.

왓슨 박사의 질병

왓슨 박사는 인도에 있을 때 '창자열'에 걸려 쓰러졌다. 오늘날 흔히 장티푸스라고 부르는 병이다. 홈스는 왓슨과의 첫 만남에서 '초췌한 얼굴' 을 보고 병을 심하게 앓은 적이 있다는 사실을 알아차렸다(『주홍색 연구』). 장티푸스는 사람에게만 영향을 미치며, 사람의 대변으로 오염된 음식이나 물로 옮는다. 1896년, 독일에서 백신을 개발했다.

　직감과 분석적 추리라는 예측하기 어려운 조합은 셜록 홈스라 는 인물을 인간미 있고 매력 넘치며 잊기 힘들게 하는 요소다. 또 한, 시인의 사고방식을 가진 과학자이기도 하다. 사람이 다 그렇 듯, 셜록 홈스 역시 다양한 모습이 있다.

과학 지식

홈스의 과학적 사고방식을 살펴보았으니 과학 지식으로 넘어가자. 홈스는 《주홍색 연구》에서 '문제에 맞닥뜨릴 때 쓸 수 있는 특별한 지식이 많이 있으며 덕분에 문제를 쉽게 해결한다네.'라고 말한다. 왓슨 박사는 같은 책에서 셜록 홈스의 '한계'를 다루는 유명한 목록을 작성했는데, 홈스의 지식수준을 알아보는 데 큰 도움이 될 것으로 보인다.

1. **문학** - 전무함.

2. **철학** - 전무함.

3. **천문학** - 전무함.

4. **정치** - 미비함.

5. **식물학** - 주제에 따라 다름. 벨라도나와 아편 그리고 독은 잘 알고 있음. 원예 지식은 전무함.

6. **지질학** - 실생활에 응용이 가능하나, 한정적임. 다양한 토양의 종류를 한눈에 구별할 수 있음. 산책을 다녀와서 바지에 묻은 흙의 색과 결지성(토양 입자 간의 응집력이나 토양 입자와 수분 사이의 부착력 때문에 외부에서 토양에 힘을

가하면 저항이 달라지는 토양의 성질)을 관찰하고 런던

의 어느 지역에서 묻은 흙인지 추리한 적이 있음.

7. 화학 – 해박함.

8. 해부학 – 정확하지만, 체계는 없음.

9. 범죄 관련 문헌 – 엄청남. 한 세기 동안 발생한 모든 사건을 세세

하게 꿰고 있음.

10. 바이올린 실력이 뛰어남.

11. 목검술, 권투, 펜싱에 능함.

12. 영국 법에 대한 실용적인 수준의 지식이 있음.

이 굉장한 목록은 많은 정보를 담고 있다. 자세히 살피기 전에, 두 가지만 짚고 넘어가자. 첫째, 이 목록은 작가가 인물을 구상하는 과정에서 탄생했다. 코난 도일은 다른 추리 소설에 등장하는 주인공과 어딘가 다른 탐정을 창작하려 노력했다(그리고 성공했다). 홈스는 독특한 구석이 있으면서도 다른 탐정과 달리 과학에 능통해야 했다. 왓슨이 작성한 홈스의 '한계' 목록은 홈스의 차별성을 강조하기 위한 최고의 장치였다. 다른 것과 마찬가지로, 작가의 철저한 설계라는 말이다. 독자가 미소를 짓거나 적어도 놀라움에 눈썹을 들어 올리게 만들려는 목적이었다. 바꾸어 말하면, 진지하게 받아들일 필요가 없다는 뜻이기도 하다. 예를 들어,《주

홍색 연구》에서 홈스는 살인의 동기가 정치 관계가 아니라는 사실을 확신할 만큼 정치계를 훤하게 꿰고 있다. 또한, 큐 클럭스 클랜이 살인을 예고하는 방식을 알고 있었다. 6년 뒤,《해군 조약문》에서는 홀드호스트(Holdhurst) 경이 장관이자 '영국 총리 후보'('과거 예언'에 가깝다)라는 사실을 알고 있다는 점에서 정치 지식이 '미비하다'고 볼 수는 없다.

둘째, 코난 도일이 홈스의 장단점을 나열한 목록을 만든 당시에는 홈스를 일회성 주인공으로 생각했다. 날카로운 추리력을 몇십 년씩이나 뽐내리라고는 예상하지 못했다는 말이다. 물론, 앞에서 설명한 대로 요셉 마셜 스토더트를 포함한 여러 독자의 통찰력이 없었다면 홈스의 모험은 한 번으로 끝났을 것이다(49쪽 참고).

다행히도, 코난 도일이 셜록 홈스 시리즈를 이어나가기로 마음먹었을 때 이미 꼼꼼하고 일관성 있는 이야기를 쓸 준비가 끝나 있었다. 홀드허스트 경 이야기에서 보았듯이, 홈스의 '한계'는 이야기를 진행하면서 필요에 따라 기꺼이 수정했다.《보스콤 계곡 사건》에서 홈스는 소설가 조지 메러디스(George Meredith)를 주제로 토론하고 싶어 했다(코난 도일이 좋아하는 작가다). 문학 소양이 '전무'한 사람의 행동은 아니다. 또한,《네 사람의 서명》에서는 한발 더 나아가 '기적극, 중세 도자기, 스트라디바리우스 바이올린, 실론의 불교, 차세대 군함'에 관한 이야기를 나눈다. 식견이 얕지도 않다.

오히려 '깊게 연구한 사람' 수준으로 말한다.

　저자가 설정을 유연하게 바꾼 덕에, 셜록 홈스의 과학 지식 역시 방대해졌다. 식물학, 지질학, 해부학 지식도 처음 만났을 때처럼 어설프게 아는 수준이 아니라는 말이다. 나중에 따로 알아보겠지만, 이는 반대로도 적용할 수 있다. 코난 도일의 의도처럼 셜록 홈스의 화학 지식이 '해박한' 수준이 맞는지 의심스러운 장면이 등장하기도 한다. 모든 의문은 셜록 홈스가 자신의 과학적 방법론과 교육에서 배운 지식을 어떻게 응용하는지 살펴보면서 풀어나가도록 하겠다.

벨라도나

왓슨은 홈스가 잘 아는 독으로 벨라도나를 가장 먼저 언급한다. 하지만, 이후 이야기에서 비중 있게 다루지는 않는다. 《빈사의 탐정》(1913)에서 단 한 번 등장하는데, 홈스가 엄청난 위험을 무릅쓰고 즙을 눈에 집어넣어서 죽어가는 사람의 인상을 만들었다. 르네상스 시절, 이탈리아의 젊은 여성은 이 위험한 독액을 눈에 넣어서 동공을 확장했다는 이야기가 있는데, 아마 여기서 아이디어를 얻었을 것이다.

4장

지문과 광학

신분 확인의 어려움

코난 도일이 한 세기 뒤에 태어났다면(셜록 홈스도), 스티븐 스필버그(*Steven Spielberg*)의 영화 〈마이너리티 리포트〉(2002)를 보면서 톰 크루즈(*Tom Cruise*)가 경찰을 피해 달아나는 과정에서 불법 의사에게 새로운 안구를 이식받는 장면에 열광했을 것이다. 톰 크루즈가 한 일은 《신랑의 정체》의 제임스 윈디뱅크(*James Windibank*)와 《보헤미아의 스캔들》에 등장한 아이린 애들러(*Irene Adler*) 그리고 홈스가 여러 차례 한 작업과 비슷하다. 바로, 위장이다.

사람을 정확히 구별하기 어렵다는 사실은 먼 옛날부터 문제의 소지가 있었다. 유명한 문학에서도 비슷한 소재를 어렵지 않게 찾을 수 있는데, 성경의 '야곱(*Jacob*)과 에서(*Esau*)' 이야기는 물론이고 빅토르 위고(*Victor Hugo*)의 소설 《레미제라블》(1862)에서도 진짜 신분을 숨기는 장면이 등장한다. 사진 기술이 탄생하고(126쪽 참고) 용의자와 범죄자의 사진을 찍는 머그샷 제도를 도입하면서(1840년대 초반, 벨기에에서 시작) 신분 확인 작업이 한결 편해졌다. 하지

만, 늙거나 염색과 같은 여러 변장 기술을 활용하면 외모가 달라
지므로 이러한 기록 역시 한계가 있었다.

알퐁스 베르티옹 *(Alphonse Bertillon, 1853~1914)*

파리 경찰 알퐁스 베르티옹은 처음으로 과학에 기반한 신분 확인 체제를
고안했다. 머리의 길이와 너비를 포함한 다섯 가지 신체 치수를 기준으로
하는데, 머리카락이 짧은 성인 남성은 신원을 정확하게 식별할 수 있었지만,
미성년자나 머리카락을 공들여 손질하는 사람에게는 신뢰성이 떨어졌다.
베르티옹은 자신의 체제를 머그샷으로 보완했고 나중에는 발자국 보존,
지문 확인, 무단 침입에 사용한 힘의 세기 측정과 같은 작업을 맡았다.

　프랑스 수사관, 알퐁스 베르티옹은 머그샷을 인체 측정학(다양
한 신체 치수를 정확하게 측정하는 학문)과 결합해 한 단계 더 개선했
다. 당시 상당히 인기를 끈 체제인데,《해군 조약문》에서 홈스도
베르티옹 감식법을 괜찮게 생각하는 듯한 태도를 보인다. 하지만,
그렇다고 홈스가 알퐁스 베르티옹을 자신과 비슷한 수준으로 취
급한다는 뜻은 아니다.《바스커빌 가의 개》에서 홈스가 한 말을 보
면 알 수 있다. 모티머 박사가 홈스를 '알퐁스 베르티옹 다음가는

예리한 과학적 사고의 소유자'라고 칭찬한 적이 있다.

당시 홈스는 '그러면 저 말고 베르티옹과 상의하지 그러시죠?'라고 짜증스럽게 쏘아붙였다.

지문

베르티옹처럼 훌륭한 법과학자에 버금간다는 찬사에 홈스가 짜증을 내는 것도 이해가 간다. 단순히 동종 업계 종사자에 대한 질투는 아니다. 1889년 무렵(바스커빌 가의 다트무어를 조사한 시기) 베르티옹 체제는 더 신뢰성 높고 유용한 신원 식별 방식인 지문 감식법이 탄생하면서 입지가 흔들리고 있었다. 지문이 같은 사람이 있을 확률은 거의 없으므로, 지문 감식 결과는 정확성이 무척 높다. 또한, 현장에 남은 지문을 이용해 범죄자를 쫓을 수 있으므로 수사관에게 유용한 무기가 하나 더 생긴 셈이기도 했다.

지문을 신분 확인에 사용한 역사는 길고 다소 번잡하다. 문자를 사용하지 않거나 문맹률이 높던 시절의 일부 사회에서 흔적을 찾을 수 있는데, 고대 이집트, 바빌론, 그리스, 인도가 여기에 해당하며, 특히 중국의 사례는 주목할만한 가치가 높다. 물론, 지금처럼 지문의 융선, 고리, 나선이 사람마다 다르다는 사실을 알고 있었는지는 확신할 수 없지만 말이다. 1788년, 독일에서 처음으로 지문의 고유성을 과학으로 증명하는 데 성공한다. 약 1세기 뒤, 인도 벵골에 거주하던 영국인 치안판사인 윌리엄 허셜(*William Herschel*)경은 사람들이 연금을 중복으로 수급하는 일을 방지하기 위해 지문을 찍게 했다. 1880년, 또 다른 영국인 국외 거주자인 헨리 폴즈(*Henry Faulds*) 박사는 지문의 활용 가능성을 주제로 한 논문을 발표하고 지문 기록 방법을 제안했다. 아르헨티나 경찰은 처음으로 지문을 자료집에 기록하고 지문 증거를 토대로 범죄자를 검거하는 선례를 남겼다.

반면, 코난 도일이 최신 지문 감식법을 알고 있는 만큼 홈스 역시 그러하지만, 해당 기술은 오직 일곱 개의 이야기에서만 지나가는 말로 언급하며 '지문(*Fingerprint*)'이라는 단어는 단 한 번도 등장하지 않는다. 홈스라는 이름을 들으면 떠오르는 이미지는 몸을 숙이고 돋보기를 들여다보는 탐정인데, 사건을 해결할 지문을 찾는 모습이라고 생각할지도 모르겠다. 하지만, 틀렸다.

《노우드의 건축업자》(1903)에서 레스트레이드 경감이 엄지손가락 지문이 찍힌 핏자국을 발견했을 때, 홈스에게 이런 질문을 던진다. '엄지손가락 무늬가 사람마다 다르다는 사실을 아십니까?'

홈스는 두루뭉술하게 대답한다. '비슷한 말을 들은 적은 있습니다.'

레스트레이드는 홈스에게 아침에 본 떠온 용의자(존 맥팔레인, *John McFarlane*)의 엄지손가락 지문과 현장에서 찾은 지문을 돋보기로 비교해 보라고 말한다. 관찰을 끝낸 홈스는 두 개의 지문이 '같은 손가락에서 나온 것이 분명하다.'라고 말한다. 지문 감식이라는 신기술을 십분 활용하는 사람은 위대한 탐정인 셜록 홈스가 아니라 레스트레이드 경감으로 보인다.

하지만, 홈스는 '흥분을 참기 위해 몸을 뒤틀며…. 터져 나오려는 웃음을 필사적으로 억누르고 있었다.'라고 했는데, 이는 현장에서 찾은 피 묻은 엄지손가락 지문은 용의자를 체포한 다음에 생겼다는 사실을 알고 있었기 때문이다. 웃음을 참으며 '비슷한 말'을 들었다고 언급하는 대목은 이미 홈스가 지문의 중요성을 잘 알고 있다는 사실을 암시한다. 또한, 홈스는 레스트레이드 경감처럼 피 묻은 엄지손가락 지문에 속지 않았다.

법과학자들은 조나스 올다커(*Jonas Oldacre*)가 맥팔레인의 지문을 벽에 찍은 방식은 현실성이 없다고 지적한다. 소설에서는 맥팔레인의 엄지손가락 지문이 찍힌 밀랍에 자신의 피를 바르고 벽에 눌렀다고 나오는데, 실제로는 밀랍에 피가 묻지 않기 때문이다. 하지만, 코난 도일은 사소한 부분에 얽매이는 대신 이야기의 흥미를 높이는 쪽을 선택했다.《노우드의 건축업자》는 탐정이 (작가 역시) 지문처럼 단순하고 기술적인 부분에 의존해서 사건을 해결하면 이야기가 시시해진다는 사실을 보여주는 좋은 예시다. 코난 도일은 독자의 몰입을 유도하기 위해 기술보다 머리를 쓰는 수사를 선호했다.

지문 증거

1892년, 크로아티아 출신 후안 부체티크*(Juan Vucetich, 1858~1925)*는 부에노스아이레스 지문 감식 센터 책임자로 근무하고 있었다. 어느 날, 27살의 프란시스카 로하스*(Francisca Rojas)*가 목에 심한 자상을 입고 자식 두 명은 잔혹하게 살해당하는 사건이 발생한다. 범죄 현장을 조사하던 부하 경찰 한 명은 로저스의 집 방문에서 선명하게 찍힌 갈색 지문을 발견한다. 로저스의 지문이 문에서 나온 피 묻은 지문과 일치한다는 사실이 밝혀지자, 로저스는 자신이 아이를 죽이고 자해했다고 자백했다. 지문 증거로 범죄자를 특정한 최초의 사건인 셈이다.

앤드루 리세트의 생각도 무척 흥미롭다. 코난 도일이 지문 감식법을 잘 알고 있음에도 불구하고, 셜록 홈스가 기교 없이 '담백하게' 사건을 해결하기를 원했다고 주장했기 때문이다. 실제로, 지문의 등장 여부와 관계없이 사건 해결에 지문이 중요한 역할을 하는 이야기는 단 한 편도 없다.《세 박공 집》(1926)에서도 잘 드러나는 부분이다. '바쁘게 돌아다니는 불그스레한 얼굴의 경감'이 현장에서 홈스를 보고는 '범인은 반드시 지문이나 증거를 남기는 법입니다.'라고 말하지만, 홈스는 별 반응을 보이지 않는다.

홈스 입장에서 서술한 두 개의 이야기 중 하나인《사자 갈기》(1926)로 넘어가자. 홈스는 길에 찍힌 손바닥 자국을 관찰하고 '손가락 자국이 비탈길 위쪽을 보고 있다'라는 사실에서 희생자가 비탈길을 올라가다가 넘어졌다는 결론을 내린다.

홈스 이후의 지문

홈스의 지문 기술 활용 여부와는 별개로, 셜록 홈스 시리즈는 지문의 중요성을 알리는 데 큰 역할을 했다. 홈스의 이야기가 대부분 출판된 1900년대에는 많은 나라의 경찰이 범죄자와 용의자의 지문을 저장소에 보관했다. 지문을 기록하는 방법도 표준화되어 갔다. 1918년, 프랑스인 에드몽 로카르*(Edmond Locard)*는 지금까지도 사용하는 증거 수집 체제를 수립했다.

미국 FBI의 통합 자동지문 인식체제*(Integrated Automated Fingerprint*

Identification System)는 범죄자 6,000만 명과 시민 3,000만 명의 지문을 보유하고 있다. 미국에 입국하는 사람이라면 전부 지문을 등록해야 하며, 환승객 역시 예외는 없다. 그런데 지문 기록을 축적하면서 새로운 난관에 봉착했다. 지문을 모아놓은 책을 몇 시간, 몇 달, 몇 년 동안 뒤지는 방식은 효율성이 떨어진다는 것이다. 범죄 현장에서 찾은 지문을 기록과 쉽게 비교하는 방법이 없을까? 미국은 1970년대에 전산화 AFIS를 개발하면서 문제를 해결했다.

지문을 채취하는 기본 방식은 지문 검사(*Dactyloscopy*)라고 부르는데, 무척 간단하다. 손가락을 잉크 패드에 대고 눌렀다가 뗀 다음, 하얀색 카드나 종이에 찍으면 끝난다. 레스트레이드 경감은 초기 지문 담당 수사관이 대부분 그랬듯이, 밀랍으로 본을 뜨는 방식을 사용했다. 오늘날에는 손가락을 디지털 기록 장치의 유리 스크린에 올려서 스캔한다(미국 이민국에서는 다섯 손가락을 전부 확인한다). 손가락 끝이 많이 닳은 노인은 지문을 스캔하기 어렵다. 산성 물질이나 날카로운 도구로 지문을 제거하거나 훼손하는 범죄자도 있으며, 일부는 아예 지문 제거 수술을 받기도 한다.

범죄 현장의 지문은 두 가지 유형으로 분류한다. 진흙이나 피(『노우드의 건축업자』) 같은 물질에 남아 쉽게 보이는 지문이거나, 맨눈으로는 찾을 수 없는 '희미한' 지문이다. 후자는 피부의 분비물(땀이나 유분) 때문에 생기며 보통 유리나 페인트와 같은 비다공성

표면에서 찾을 수 있다. 희미한 지문은 특수 가루나 화학물질(아이오딘)을 뿌려서 가시성을 높인다. 최근에는 지문 감식법이 발전하면서 장갑을 '지문'으로 구분하거나 장갑 안쪽에서 지문을 확보하는 등의 기술도 등장했다.

21세기로 넘어가면서 디지털 스캔 기술을 도입함에 따라 지문은 경찰과 범죄자 사이의 문제가 아닌, 우리 일상이 되었다. 2007년에는 지문인식 기능을 장착한 휴대전화가 나타났으며 철저한 신분 확인이 필요한 장소라면 어디든지 지문인식 기술을 사용한다. 보조금 수령 창구나 회사의 근태관리기를 예로 들 수 있겠다. 학교 역시 마찬가지다. 도서관이나 식당에서 지문인식기를 찾아볼 수 있다. 그러나 지문을 무분별하게 활용하다가는 시민의 자유가 침해받고 1984년식 경찰국가로 회귀할지도 모른다는 우려의 목소리가 나오고 있다.

신분 확인 체제

범죄자 신분 확인 체제는 19세기 후반에 처음 등장했다. 시초가 된 헨리식 지문 분류법에 따라 외형적 특징을 기준으로 지문을 정리했으며 용의자의 신체 치수(베르티옹 체제, 84쪽)를 함께 기재했다.

영국의 런던 광역 경찰청은 1901년부터 지문을 활용했다. 20년 뒤에는 FBI가 신원 확인부를 창설하여 범죄자의 신분 확인에 사용할 자료를 보관하는 중앙 저장소를 관리하게 했다. 1980년대에는 전산화 AFIS를 도입하여 방대한 정보 기록에서 신속하게 지문을 비교할 수 있게 되었다. 20세기 말까지 전 세계에 500개가 넘는 지문인식체제가 존재했으며 2019년 9월 기준, FBI에서 보유한 지문만 해도 1억 4,700만 개가 넘는다.

지문인식법은 1980년대에 DNA 감식법이 도래하기 전까지 용의자를 특정하는 최고의 방법이었다. DNA 감식법을 최초로 개발

DNA 분석

1980년대 중반 이후, 경찰은 DNA 감식법을 도입했다. 텔레비전 드라마에서 빠르고 간단한 신분 확인법으로 왜곡하는 사례가 많다. 사실, 모든 사람의 DNA는 99.9% 같으므로 DNA 감식법 혹은 DNA '지문분석법'이라고 부르는 검사는 결과를 확률로 표기하며 'STR'이라고 부르는 개인 고유의 '특징'에 대한 복잡한 조사가 필요하다. 아무 관계 없는 두 사람의 DNA가 일치할 확률은 1억분의 1보다 낮다.

한 나라도 영국이며 DNA 감식법을 활용해 처음으로 범죄자를 특정한 나라도 영국이다. 해당 사건의 범인은 1986년에 두 건의 강간 살인을 저지른 혐의로 체포했다. 그 뒤, 많은 나라에서 DNA 감식법으로 많은 사건을 해결했는데, 특히 성폭행 사건에서 큰 도움이 되었다.

안면과 홍채 인식 기술

지문과 DNA 감식법의 가장 큰 단점은 신체 접촉이 필요하다는 데 있다. 본인은 눈치채지 못했지만, 홈스는 대안이 될 수 있는 비접촉 신분 확인 방식을 시대를 앞서 선보인 바 있다. 54쪽에서《소포 상자》이야기를 할 때 다루었는데, 홈스는 사람의 귀가 저마다 모양이 다르다는 사실을 실마리 삼아 사건을 풀어나간다. 시간이 지나 디지털 스캔 기술이 발달하면서 홈스가 사용한 방식을 실용적인 수준으로 구현할 수 있게 되었으며, 오늘날에는 첨단 기술을 활용해 얼굴이나 홍채를 인식한다.

이러한 인식 체제를 개발하려는 연구는 1960년대에 시작했다. 하지만, 2000년대에 들어서야 신뢰성이 높은 장비를 만들 수 있었다. 오늘날, 안면과 홍채 인식 기술은 어디서나 찾을 수 있다. 컴퓨터나 휴대전화는 물론이고 공공장소인 기차역이나 축구장 그리고 공항의 입국심사대에서도 활용한다. 2020년, 영국 런던 광역 경찰청은 신원을 특정한 범죄자와 용의자를 찾아내기 위해 안면 인식 카메라를 런던 거리에 설치했다.

하지만, 무조건 신뢰할 수 있는 체제는 아니다. 변장의 가치를 누구보다 잘 아는 홈스처럼 턱수염, 모자, 안경으로 외모를 조금만 바꾸면 속일 수 있으며 각도가 달라지면 정확도가 감소하기 때문이다. 또한, 영국의 빅 브라더 와치(Big Brother Watch)와 미국의 일렉트로닉 프런티어 파운데이션(Electronic Frontier Foundation)과 같은 단체는 개인의 자유와 사생활이라는 인간의 기본 권리를 위협하는 기술이라며 반대의 목소리를 내고 있다.

1888년, 셜록 홈스가 《네 사람의 서명》에서 지문에 대한 지식을 드러내는 부분을 살펴보자. '음! 봉투 구석에 남자의 엄지손가락 지문이 있군요, 아마 우체부가 남겼을 것입니다.' 오늘날과 비교하면 수준이 하늘과 땅 차이기는 하지만, 이 대목과 귀의 특징을 이용하는 모습을 보아 홈스의 수사 기술은 시대를 한참 앞서 있다는 사실을 알 수 있다. 후손이 자신을 참고하여 멋진 기술을 만들었다는 사실을 알면 무척 자랑스러워할 것이다.

발자국

홈스의 사건을 보면 지문보다는 발자국을 법과학 증거로 사용한 사례가 훨씬 많다. 60개의 사건 중 거의 절반(26건)에서 발자국을 실마리로 활용한다. 따라서 홈스가 '수사 과학에서 발자국 추적만큼 중요하지만 인정받지 못하는 분야도 없습니다.'라고 단언하는 모습도 크게 이상하지 않다.

홈스가 발자국을 중요하게 생각하기는 해도, 발자국을 이용한 추적 요령을 처음으로 사용한 사람은 아니다. 발자국을 관찰하는 기술은 수천 년 전부터 사냥꾼 사이에서 전해졌다. 사냥꾼은 발자국을 보고 다음과 같은 정보를 알아낼 수 있다. 내가 추적하는 동물의 종은 무엇인가? 동물은 몇 마리가 있는가? 몸집이 얼마나 큰가? 어느 방향으로 가는가? 얼마나 빠르게 가는가?

홈스와 비슷한 시기에 활동한 볼테르의 《쟈딕》은 말의 발굽 자국만 보고도 방대한 정보를 얻을 수 있다. 조지 페인 레인즈포드 제임스(George Payne Rainsford James)가 1833년에 발표한 소설, 《델라웨어 그리고 망가진 가족(Delaware, or the Ruined Family)》에서는 살인범이 유죄 판결을 받게 하는 데 발자국이 중요한 증거로 작용한다. 1871년에

발가락 지문

발가락도 손가락처럼 사람마다 지문이 다르다. 1952년에는 밀가루에서 찾은 맨발 자국을 근거로 스코틀랜드인 금고 털이범에게 유죄를 선고한 사례가 있다. 영국 정부는 2011년에 신분증 제도를 폐지하기 전, 새로운 신분증을 만들고 발가락 지문을 추가하는 방안을 고려했다.

는 경찰이 실제 형사 재판에서 발자국과 구두의 모양과 제조사를 비교해 범죄자를 몰아넣는다.

홈스의 방식은 최신식이라고 할 수 있으며 오늘날 경찰에서 사용하는 방식과 매우 유사하다. 요즘은 발자국을 발견하면 3차원으로 측정하고 본을 뜬다. 그리고 종류와 제조사별로 신발을 정리한 자료와 비교한다. 발자국 간격과 깊이를 분석하면 용의자의 키와 몸무게를 예상할 수 있다. 마지막으로, 발자국을 실내에서 발견했다면 해당 장소에서 먼지가 쌓이는 속도를 측정해서 해당 발자국이 언제 찍혔는지도 파악이 가능하다(오차 범위는 약 4시간).

홈스에게 21세기식 최신 기술은 없었지만, 다행히 부드러운 물질에 찍힌 발자국을 찾아낼 수 있었다. 《녹주석 보관》(1892)에서는 눈, 《장기 입원 환자》(1893)에서는 카펫 위에 찍힌 발자국을 발견했으며,《레드 서클》(1911)에서는 '마르지 않은 피'로 찍힌 '붉은 발자국'을 목격했다.《금테 코안경》(1904)과《악마의 발》(1910)에서는 발자국을 선명하게 관찰하기 위해 다른 물건을 사용한다 (각각 담뱃재와 물).

마지막 두 사건은 홈스가 발자국을 법과학 증거로 활용하는 수준이 오늘날의 수사관과 견줄 수 있을 정도라는 사실을 암시한다.

주홍색 연구

《주홍색 연구》에서 홈스는 발자국을 관찰하여 간단하지만 중요한 두 가지 사실을 알아낸다.

1. 로리스톤 가든 3번지 정원에 찍힌 여러 발자국을 보고 '두 사람의 발자국은 위에 찍힌 다른 발자국 때문에 완전히 지워졌다'는 사실을 확인하고 두 발자국의 주인이 현장에 가장 먼저 도착했다는 결론을 내린다. 경찰의 '묵직한 발자국'이 맨 위에 찍혔다는 뜻은 경찰이 다음으로 왔다는 뜻이다.

2. 가장 먼저 도착한 두 사람이 남긴 발자국에서 몇 가지 정보를 알아낸다. (a) 방문객은 두 명이다. (b) 한 명은 키가 '무척크다 (보폭에서 알아낸 사실)'. (c) 다른 한 명은 '신발이 좁고 우

아한 것으로 보아 화려한 옷을 입고 있었다'. 셜록 홈스는 심지어 두 명의 남자에게 '에나멜 구두'와 '각진 구두'라는 별명까지 붙여준다.

홈스는 《네 사람의 서명》에서도 비슷한 관찰을 한 사례가 있다. 나무 의족을 한 조나단 스몰(*Jonathan Small*)과 왜소한 통가인(왓슨이 발자국만 보고 아이라고 착각한)을 추적할 때도 발자국을 살폈고, 《녹주석 보관》에서도 발자국을 보고 발자국의 주인이 신발을 신지 않았다는 사실과 한 명은 한쪽 다리가 나무 의족이라는 정보를 알아낸다.

발자국으로 학습하다

오늘날의 육상 선수는 홈스처럼 자신의 발자국을 면밀하게 관찰한다. 운동과학자는 발을 세 가지 유형으로 분류하는데, 평발, 요족, 정상 발이다. 모두 맨발로 찍은 자국으로 확인할 수 있다. 신발을 신고 만든 자국에서는 뛸 때 발뒤꿈치가 먼저 땅에 닿는 사람과 발 볼로 착지하는 사람을 구별할 수 있다.

보스콤 계곡 사건

정밀하게 조사하기 전까지 현장을 있는 그대로 보존하는 일이 무척 중요하다는 사실을 보여주는 사례다(56쪽이나 지문 세션의 85쪽 참고). 요즘은 범죄가 발생하면 경찰이 현장 출입을 통제하며 '출입금지', '수사 중'이라는 문구가 적힌 테이프를 쳐서 훼손을 막는다.

홈스는 단독으로 수사에 착수한다. 살인 사건 피해자인 찰스 매카시(*Charles McCarthy*)의 신발을 살핀 다음, 찰스와 사이가 나쁜 아들이자 유력 용의자인 제임스(*James*)의 신발을 관찰한다. 그리고 찰스가 죽은 자리 옆의 늪지로 향한다. 앞에서 설명했지만, 홈스는 발자국 증거가 엉망으로 망가진 모습을 보고 분통을 터트린다. 다행히, 돋보기로 자세히 살피면서 주변의 부드러운 땅에 온전하게 남은 발자국 몇 개를 찾을 수 있었다. 홈스는 발자국을 보고 찰스가 죽었을 때 주변에 제삼의 인물이 있었으며, 발자국의 주인은 키가 크고 다리를 전다는 사실을 알아낸다. 이후, 다른 증거를 찾으면서 문제의 인물이 호주에 살았던 왼손잡이 흡연자라고 확신한다.

외딴 지방인 헤리퍼드셔에서 호주 거주 경험이 있으며 키가 크고 절름발이에 여송연을 피우는 남성을 찾는 일은 어렵지 않았다. 홈스의 추궁을 받은 범인은 살인 사실을 자백한다. 재미있는 부분이 하나 있는데,《보스콤 계곡 사건》을 발표하고 1년 뒤에 알퐁스 베르티옹의 형제가 신발의 범죄 증거 가치에 관한 연구를 발표한다. 홈스처럼 '튼튼한 컨트리 슈즈', '시내에서 신는 부츠', '기성화' 등을 구분하는 식이다.

두 가지 발자국

《꼽추 사내》에서 홈스는 두 개의 완전히 다른 발자국에 초점을 맞춘다. 둘 다 바클리(Barclay) 대령과 부인의 집 내부와 근처에서 찾아냈다. 알려진 사건 개요는 다음과 같다. 바클리 부부와 어떤 남자 사이에 언쟁이 있었고, 대령은 '둔기로 인한 강한 타격'으로 '즉사'했다.

홈스는 정원을 가로질러 달아난 인물을 추적하기 위해 발자국을 살피며 이동 경로를 확인한다. 홈스는 침입자가 도로에서 잔디밭을 거쳐 방으로 침입했다고 주장하며 '다섯 개의 발자국을 남겼네. 하나는 도로에, 둘은 잔디밭에, 나머지 둘은 침입 경로인 창문 옆에 몹시 희미하게 찍혀 있었지.'라고 말한다. 또한, '발가락보다 뒤꿈치 자국이 훨씬 깊은 것으로 보아 용의자는 잔디밭 위에서 급하게 뛰었을 것이네.'라는 결론을 내린다.

(오늘날의 법과학 수사관은 홈스의 추리가 섣부르다고 본다. 발가락이 깊게 찍혔다고 해서 반드시 뛰었다고 단정할 수 없기 때문이다. 소리를 줄이기 위해 까치발로 걸었을지도 모르는 법이다. 물론, 장소가 잔디밭이므로 어떻게 통과하든 소리가 나지 않았을 테니 이 사건에서는 용의자가 달렸다고 확신할 수 있다.)

바클리 대령의 집에서 찾은 또 다른 발자국은 침입자가 데려온 '동행'이 남긴 것으로, 대령이 죽은 방의 커튼에서 찾았다. 홈스는 발자국을 보존하기 위해 박엽지로 본을 뜬다(대체 어떻게?). 오늘날의 법과학 전문가라면 사진을 찍었겠지만, 어쨌든 결과는 같다.

(발자국이 커튼이 아니라 더 단단한 물체에 찍혔다면 '과학 탐정' 셜록 홈스는《네 사람의 서명》에서 언급한 본인의 논문대로 '발자국 추적 기술과 석고로 본을 떠서 발자국을 보존하는 방법'을 활용했을 것이다.)

발자국의 주인은 꽤 작은 동물이었다. 홈스는 용의자가 범죄 현장에 드나들 때 동물이 상자 속에 있었음에도 발자국을 남길 만큼 발이 더러웠던 이유는 캐지 않는다. 어쨌든 동물의 발자국은 '디

저트 스푼 정도의' 크기였지만 정보를 얻기에는 충분하다. 먼저, 몸길이가 '약 60센티미터'로 소형견과 비슷하며 발톱이 길어서 커튼을 기어오를 수 있다. 또한, 커튼을 탄 이유가 우리에 있던 카나리아를 잡아먹기 위해서였으므로 육식성이다.

이 모든 정보는 커튼의 발자국만 보고 추리한 것이다! 나중에는 동물의 정체가 몽구스라는 사실이 밝혀지는데, 침입자가 인도에서 생활한 경험과 관련이 있다.

많은 사건 (예, 『라이기트의 수수께끼』, 1893)에서 발자국이 없다는 사실 만으로도 실마리를 찾으며 《금테 코안경》에서는 현장에서 발자국을 찾지 못했다는 점과 의심스러운 곳에서 발견한 발자국으로 사건을 해결한다.

발자국 보존

통념과는 달리, 홈스는 발자국 보존 기술의 선구자가 아니다. 1845년, 영국 경찰은 석고로 발자국의 본을 떴고 가보리오(Gaboriau)가 1860년대 중반에 발표한 소설의 탐정 역시 발자국의 석고 본을 단서로 사용한다. 대신, 홈스는 20세기 법과학자나 사용할 기술을 한발 앞서 선보였다.

족적학과 한계

발자국 분석의 법과학적 중요성은 홈스가 보스콤 늪지대에 우비를 깔고 엎드려서 돋보기로 바닥을 살핀 사건 이후로 꾸준히 증가했다. 셜록 홈스 시리즈를 포함한 많은 탐정 소설이 인기를 끌고 공식적으로든 그렇지 않든 수사관 사이에서 추천 도서가 되었던 것도 어느 정도 영향을 미친 듯하다. 오늘날에는 솔메이트(Solemate)처럼 다양한 신발을 자료화하며 신발의 법과학적 활용에 집중한 족적학이라는 학문을 연구한다.

고안한 지 1세기가 지난 기술을 왜 아직도 사용하는지 의아한 사람이 있다면, 1994~1995년에 진행한 오 제이 심프슨(O. J. Simpson)이라는 미국 연예인의 재판 사건을 참고하라. 지난 50년간의 재판 중 몹시 유명한 사례인데, 무려 9,500만 명이 텔레비전 생방송으로 시청했다. 문제의 유명 미식축구 선수는 아내 니콜(Nicole)과 아내의 친구 론 골드먼(Ron Goldman)을 잔혹하게 살해한 혐의로 재판을 받았다.

범인은 살해 현장에서 마당 뒷문까지 피 묻은 신발 자국을 넘겼는데, 뛰지 않고 걸은 것이 분명했다. 범인이 신은 신발은 12사이즈였는데, (미국 인구의 9%가 12사이즈 신발을 신으며 심프슨 역시 12사이즈다) 이후 조사에서 무척 희귀하고 비싼 이탈리아제 신발이라는 사실이 밝혀진다. 당시 미국에 299켤레 밖에 없었으며, 오 제이 심프슨에게 한 켤레가 있었다.

피 묻은 신발이 심프슨의 신발일 가능성은 있다. 하지만, 배심원단은 심프슨이 무죄라고 판단했다. 피해자가 살해당하는 시간에 심프슨이 화제의 신발을 신었다는 사실을 확신할 수 없다는 이유였다. 족적 분석 기술은 홈스의 시대 이후 상당히 발전했으나, 계속 같은 한계에 부딪혔다. 바로, 용의자가 범행 당시 해당 신발을 신었다는 점을 증명할 방법이 없다는 문제였다. 셜록 홈스라면 어떤 파훼법을 내놓았을까? 불행히도, 코난 도일의 위대한 탐정은 이 난관에 단 한 번도 직면한 적이 없으므로 우리로서는 알 도리가 없다.

다른 증거

홈스는 범죄 현장에서 자세한 법과학 조사를 통해 중요한 단서를 얻는다. 물론, 발자국만 쳐다보지는 않는다. 나중에 발표한 이야기인 《사자 갈기》에서 홈스는 부드러운 땅에 남은 '둥글게 파인 흔적'을 보고 불쌍한 피츠로이 맥퍼슨(Fitzroy McPherson)이 비탈길을 올라가다가 '여러 번 무릎을 꿇었다'는 결론을 내린다.

《주홍색 연구》에서는 홈스가 '훈련을 잘 받은 순종 폭스하운드'처럼 여기저기를 뛰어다니며 맨눈으로 보이지 않는 '흔적 사이의 거리를 정밀하게 측정하는' 모습이 등장한다. 21세기 형사라면 현장을 더 느긋하게 수사할지 모르겠다. 하지만, 사실 현대 경찰 드라마에 등장해도 위화감이 없는 대목이다. 이러한 행동을 변명이라도 하듯, 홈스는 현대 형사에 비견할 법한 조사를 끝내고 다음과 같은 말을 남긴다. '천재란 곧 엄청나게 노력하는 사람이라는 말이 있습니다. 예외는 많지만, 탐정에게는 꽤 정확하게 들어맞는 표현입니다.'

《네 사람의 서명》을 보면 홈스가 증거를 해석하는 방법을 알 수 있다. 홈스가 왓슨이 아프가니스탄에 다녀왔다는 사실을 알아낸 추리(64쪽 참고)와 원리가 비슷하다. 대상이 회중시계라는 점만 다르다.

첫째, 홈스는 전당포의 운영 방식을 설명하며 전당포 주인은 시계를 받으면 '덮개 안쪽에 핀으로 번호를 새긴다'라고 말한다.

둘째, 돋보기로 '덮개 안쪽에 숫자가 네 개 있다'라는 사실을 알아낸다. 여기서 얻을 수 있는 정보는 다음과 같다. 추리 1번: 시계 주인은 궁핍할 때가 많았고 시계를 전당포에 여러 번 맡겼다. 추리 2번: 주인은 돈을 '이따금 많이' 벌었기에 시계를 계속 다시 찾을 수 있었다.

셋째, 홈스는 사람들이 대부분 잠자리에 들기 전에 회중시계의 태엽을 감는다는 상식을 언급한다.

넷째, 태엽 구멍 근처에 긁힌 자국이 엄청나게 많다. 추리 1번: 주인은 떨리는 손으로 태엽을 감으려다가 열쇠로 구멍 부근을 긁었다. 추리 2번: 주인은 술고래다.

'내 말에서 어려운 부분이 있는가?' 홈스는 설명을 마치며 물었다. 무척 유명하지만 정작 작중의 홈스는 단 한 번도 사용하지 않은 표현인 '이 정도는 기본일세, 친애하는 왓슨.'이라는 말로 끝맺었어도 좋았겠다.

홈스가 실마리로 사용하는 증거는 다양하지만 우리는 세 가지만 더 살펴보겠다. 먼저, 문신이 있다.《붉은 머리 연맹》에서 홈스는 문신을 주제로 '약간의 연구'를 한 적이 있다고 밝혔다.《다섯 개의 오렌지 씨앗》(1891)에서는 소인에서 정보를 얻으며《얼룩끈》에서는 로이로트 양의 하얀 손목에 손가락 모양으로 남은 '선명한 멍'을 보고 아버지에게 학대받는다는 사실을 알아냈다. 2019년, 영국의 한 형사는 홈스의 추리 방식에 동의하면서 '신체 학대 피해자로 의심 가는 사람을 상대할 때는 몸의 흔적, 특히 멍을 최우선으로 찾는다'라고 말했다.

문신 증거

문신에 관한 연구는 홈스 시대부터 있었다. 오늘날의 문신 연구는 두 가지 유형으로 나뉜다. 하나는 외형 식별이다. 범죄자 체포에 직접적으로 기여하는 분야다. (2018년에는 불도그 문신을 증거로 강간범에게 유죄 판결을 내렸다) 다른 하나는 문신의 색소와 문신사의 장비를 파악하는 정밀 화학 조사와 현미경 검사다.

타이어

자전거는 발명 이후 꾸준히 발달하면서 범죄 수사 분야에 엄청 난 영향을 준 이동 수단이다. 범죄자는 현장을 빠르고 은밀하게(말과 비교했을 때) 드나들기 위해 자전거를 사용했다. 하지만, 능숙한 법과학자라면 자전거가 남긴 흔적으로 범죄자를 추적할 수 있다. 셜록 홈스 역시 마찬가지다.

최초의 자전거는 19세기 초에 나타났다. 바퀴는 나무였고 페달은 없었다. 타는 재미가 있고 다운힐이 빨랐지만, 범죄자 입장에서는 썩 내키는 이동 수단이 아니었다. 나중에 페달과 체인을 달면서 실용성이 올라가기는 하나, 자전거 보급률은 높지 않았다. 상황은 존 던롭(*John Dunlop*)이 공기주입식 타이어(1888년 발명)를 대량 제조하여 판매하면서 반전된다. 1904년까지 수십 개의 타이어 회사가 등장했는데, 각자 독특한 트레드 무늬가 있는 타이어를 생산했다.

클린처 타이어

오늘날의 독자는 홈스가 바깥쪽에 패치를 댄 던롭사의 타이어 자국을 관찰할 때 깜짝 놀랐을 것이다. 초기의 공기 주입식 타이어는 바깥면에 트레드가 있는 고무 튜브에 불과했다. 게다가 대부분 타이어를 림에 접착제로 붙여 사용했으므로 펑크가 나면 수리하기 어려웠다. 20세기 초반에 처음 등장한 클린처 타이어는 튜브를 타이어 안쪽에 넣어서 이 단점을 보완했다.

같은 해, 코난 도일은 새로운 셜록 홈스 시리즈 집필에 들어가면서 자전거를 중심으로 사건을 진행해야겠다고 마음먹었다. 이 이야기가 바로 《프라이어리 학교》다. 피크 디스트릭트의 명문 사립 초등학교인 프라이어리 학교에서 홀더니스 경의 아들이 수학 교사인 하이데거(*Heideggar*)와 함께 행방을 감춘다. 하이데거의 자전거 역시 사라졌다. 홈스와 왓슨은 학교 북쪽의 습지를 샅샅이 뒤진 끝에 자전거가 지나간 흔적을 찾아낸다.

'드디어!' 왓슨이 외쳤다. '우리가 해냈어.'

홈스는 명대사를 남기면서 찬물을 끼얹는다.

'자전거 바퀴 자국이 확실하군. 하지만, 우리가 찾는 자전거는 아니야.'

'나는 자국을 보고 42종의 자전거 타이어를 구분할 수 있다네. 보아하니 던롭사의 제품이야. 바깥쪽에 패치가 있군.'

홈스는 하이데거의 자전거 타이어가 팔머사 제품이며 독특한 세로무늬를 남긴다고 설명한다. 일류 법과학자답게 지식뿐 아니라 정확한 관찰력까지 갖춘 모습이다.

재미있게도, 홈스는 사례로 남겨도 좋을 법한 훌륭한 법과학 관찰을 하고 나서 유명한 실수를 하나 저지른다. 뒷바퀴가 앞바퀴보다 자국이 더 깊다고 주장하면서 자전거의 이동 방향을 단정하는 대목이다. 이는 사실이 아니다. 나중에 앞바퀴와 뒷바퀴가 같은 깊이로 팬 자국을 발견하는 장면에서는 '자전거를 탄 사람이 체중을 핸들에 실으면서 전속력으로 질주했다는 뜻이네.'라고 말하면서 다시 한번 오류를 범한다.

위대한 과학자가 실수하는 모습을 보면 왠지 모를 위안이 된다.

자동차의 타이어 자국

홈스가 자전거를 추적할 때 응용한 법과학 기술은 오늘날 자동차 타이어 흔적을 조사할 때도 사용한다. 첨단 경찰(홈스만큼 기억력이 좋지는 않지만)이라면 타이어 제조사, 크기, 트레드에 대한 자료 정도는 보유하고 있으며 흔적만 보고도 어떤 타이어인지 정확하게 찾아낸다. 게다가, 신발 밑창과 마찬가지로 전문가는 자국에 드러난 타이어의 마모나 찢어진 흔적을 통해 차량 기종이나 타이어 종류 후보를 좁힐 수 있다. 이러한 정보는 범죄 현장에 차량이 있었는지 파악하는 데 사용한다.

타이어 자국을 기록하는 방식에는 세 가지가 있다. 두 가지는 홈스의 방식과 유사하다. 첫 번째, 선명한 자국은 그리거나 사진으로 남긴다. 두 번째, 푹 들어간 자국은 본을 뜬다. 세 번째는 최근에야 현실화한 기술로, 맨눈으로 보이지 않는 타이어 자국을 기록할 때 사용한다. 콘크리트나 타맥 같은 단단한 표면에서 발견한 타이어 자국이 여기에 해당하는데, 특수정전기 장비로 자국을 채취한다. 홈스라면 반드시 관심을 보였을 첨단 과학 장비다. 물론, 지문 세션에서 설명한 이유로 코난 도일이 허락하지 않았을 가능성이 크다. 작가는 기술로 사건을 해결하는 전개를 지양하면서 독자가 홈스의 순수한 추리력에 집중하도록 유도했기 때문이다.

오늘날, 자동차 사고 현장에 남은 타이어 자국은 무척 중요한 단서다. 전문가는 스키드 마크를 보고 사고 직전 운전자가 한 행동과 차량의 속도와 방향을 정확하게 파악할 수 있다.

말

말을 뒤쫓는 기술은 기원전 3,500년 경, 인류가 처음 말 타는 법을 익히면서 발달하기 시작했다. 목적이야 다양했지만, 주로 도둑맞은 말을 추적하기 위해 사용했다. 수천 년 뒤에 홈스가 사라진 경주마, 실버 블레이즈를 찾을 때처럼 말이다(『실버 블레이즈』).

실버 블레이즈 사건이 흥미로운 이유는 말발굽 자국을 보고 능숙하게 뒤를 밟는 홈스의 실력도 실력이지만, 홈스의 연역적 추리를 제대로 감상할 수 있는 예시이기 때문이다. 홈스는 현장에서 증거를 관찰하면서 가설을 세운다. 한 훈련사가 돈 때문에 고용주의 경주마인 실버 블레이즈를 절름발이로 만들려다가 말에게 걸어차여 목숨을 잃는 이야기다. 이제 '유력한 가설'을 증명하기 위해 사라진 말을 찾는 일이 남았다.

　홈스는 '훈련사가 사망한 날 밤, 저쪽의 움푹 팬 땅은 무척 젖었을 걸세.'라고 장담하며 자세히 살피기 위해 움직인다.

　그리고 '부드러운 흙에 선명하게 찍힌 말발굽 자국'을 발견했다. 실버 블레이즈의 편자 주형과 정확히 일치했다. 홈스는 '상상력의 힘일세.'라며 낄낄거렸다. '우리는 그날 밤 무슨 일이 벌어졌는지 상상했고, 추측에 따라 행동했으며, 가설의 증거를 찾은 셈이네.'

　곧 '말발굽 자국 옆으로 이어진 한 남자의 발자국'을 찾으면서 법과학적 관찰과 조사가 이어진다. 홈스의 가설은 걸음마다 확실해졌고 얼마 지나지 않아 훈련사의 '살인'에 얽힌 비밀과 사라진 경주마의 행방을 찾아내는 데 성공한다.

　《주홍색 연구》에서는 말발굽 자국을 법과학적으로 관찰한 덕에 범죄자를 체포할 수 있었다. 홈스는 전세 마차의 말이 남긴 발굽 자국에서 한 발굽이 나머지 발굽보다 자국이 훨씬 뚜렷하다는 사실을 근거로 현장에 온 말은 한 발에만 '새 편자'가 있다는 사실을 확신했으며 말이 '마부가 근처에 있다면 불가능했을 방식'으로 방

황한 흔적을 보고 마부가 하차하여 탑승자와 함께 사건 현장인 로리스톤 가든 3번지로 향했다는 결론을 내린다.

두 예시는 홈스 기준에서 무척 간단한 추리다. 하지만,《프라이어리 학교》에서 말발굽을 추적하면서 선보인 법과학 수사 기술은 엄청나게 정교하다. 자전거 타이어 자국을 따라가던 홈스는 도중에 흔적이 '나중에 찍힌 소 발자국 때문에 거의 사라졌다는 사실'에 주목한다. 이어지는 추리는 홈스의 명언인 '불가능을 제외하고 남은 것은 아무리 믿을 수 없어 보이더라도 진실이다'라는 말이 사실임을 보여주는 좋은 예시다(76쪽 참고).

홈스와 왓슨이 황무지에서 발견한 사실이 어떤 의미인지 생각해보자. 홈스는 왓슨에게 조사 도중 소를 본 적이 있냐고 물었다.

왓슨은 없다고 대답한다.

홈스는 이렇게 말한다. '희한하군. 아까부터 계속 소 발자국이 보이는데 황무지 어디에도 소는 코빼기도 보이지 않는다는 말일세. 이상하지 않는가?'

그리고 이런 질문을 던진다. '왓슨, 생각해보게. 오늘 있었던 일을 돌아보라는 말일세. 길에 찍혀 있었던 소 발자국이 기억나나?'

왓슨은 '그렇다네.'라고 말한다.

홈스는 '빵 부스러기를 여러 가지 형태로 늘어놓으면서' 다시 질문한다. '어떨 때는 이런 식으로…. 가끔은 이런 모양으로…. 때

로는 이렇게…. 이어졌지. 이제 기억이 나는가?'

왓슨은 '기억이 잘 나지 않는군.'이라고 대답한다.

뛰어난 법과학자라는 사실을 증명이라도 하는 듯이, 홈스는 빠르게 대답한다. '하지만, 나는 똑똑히 기억한다네.'

그리고 결론을 내린다. '말처럼 평보, 구보, 습보를 할 줄 아는 소가 있다니, 무척 놀랍군.'

수수께끼의 답은 ('아무리 믿을 수 없어 보이더라도') 말이 소의 편자를 끼고 남긴 발자국이라는 것이다. 이야기의 끝에서 홀더니스 공작은 홈스를 자신의 진열장으로 데려가 오래된 말 편자를 보여주면서 설명한다. '바닥이 소의 발굽처럼 생긴 말 편자입니다. 추적자를 따돌리는 용도죠. 중세 시대에 약탈을 일삼았던 홀더니스 가문의 남작들이 사용한 것으로 추정됩니다.'

광학과 배율

돋보기의 기원은 정확히 밝혀진 바가 없다. 고대 이집트나 중세의 아랍 혹은 유럽 과학자가 발명한 것으로 추정하고 있다. 19세기에 들어서면서, 돋보기는 정밀한 작업을 하는 사람이라면 꼭 필요한 물건으로 자리 잡았다. 그중에는 새로 등장한 법과학 수사관인 탐정도 있었다.

당연히, 돋보기는 구부러진 담배 파이프와 사냥 모자와 함께 셜록 홈스가 수사를 나설 때 꼭 챙기는 물건이며 홈스의 상징이다. 16개 이야기(지나가면서 언급하는 정도는 제외)에서 돋보기를 사용하는 모습이 등장하는데, 은과 크롬으로 제작한 10배율 제품으로 보인다. 돋보기에 대한 대부분의 언급은 초기 이야기에서 나온다. 돋보기뿐 아니라, 과학 수사 비중 자체가 시간이 지나면서 달라진다. 이는 코난 도일이 의학대학교 재학 당시 얻은 정보를 집필에 활용했기 때문이다. 시리즈 초기에는 지식이 기억에 생생하

속임수 편자

《프라이어리 학교》를 발표하기 9개월 전인 1904년 5월, 《스트랜드 매거진 (*Strand Magazine*)》은 글로스터셔의 버트모스톤 저택 해자에서 찾은 두 개의 독특한 말편자 사진을 실었다. 하나는 소의 발굽처럼 갈라진 모습이었는데, 코난 도일이 겉 다르고 속 다른 공작 이야기에 더할 또 하나의 수수께끼 소재로 참고했음이 분명하다.

게 남아있기도 했고 법과학 전문가라는 홈스의 특수성을 독자에게 각인시켜야 했으므로 과학 수사를 많이 등장시키는 편이다. 나중에 신의 한 수로 작용하는 부분인데, 과학 탐정이라는 설정 덕분에 홈스는 다른 추리 소설의 경쟁자 사이에서 엄청난 차별성을 뽐낼 수 있었다.

코난 도일은 눈과 렌즈에 관해서는 준전문가 수준이었다. 전업 작가로 전향하기 전에는 교육을 받고 안과 의사로 일할지 심각하게 고민한 적도 있었고 포츠머스의 한 안과에서 하루 3시간씩 근무한 경력도 있다. 홈스가 돋보기를 무척 좋아하는 이유도 여기에 있는 듯하다.

배율

우리는 물체가 반사한 빛을 본다. 볼록렌즈(바깥으로 굽은 렌즈, 중심이 가장자리보다 두껍다)를 물체와 눈 사이에 두면 평행하게 들어오는 빛을 굴절시켜서 한 점으로 모은다. 따라서 초점 거리 안에서 보면 물체가 크게 보인다.

홈스는 다른 사람이 간과하거나 아예 보지 못한 미세한 증거를 관찰하기 위해 돋보기를 사용하는데 익숙한 예시 두 가지만 들어 보겠다. 《네 사람의 서명》에서 홈스는 돋보기로 회중시계를 살피고 그 자리에서 소유자의 간략한 일대기를 읊는다. 《보스콤 계곡 사건》에서는 돋보기로 발자국을 관찰하여 얻은 단서로 사건을 신속하게 종결할 수 있었다. 돋보기에 대한 홈스의 믿음은 《붉은 머리 연맹》과 《금테 코안경》에서도 볼 수 있다. 《금테 코안경》에서 홈스는 '놋쇠 판에 긁힌 자국이 반짝인다'는 사실을 근거로 서랍장의 흠집이 최근에 생겼다고 주장한다. 《얼룩 끈》마인드맵에서

과학 수사

셜록 홈스를 묘사한 가장 오래된 그림은 1887년, 《비튼의 크리스마스 연감(*Beeton's Christmas Annual*)》에 《주홍색 연구》와 함께 실린 데이비드 헨리 프리스턴(*David Henry Friston*)의 작품으로 보인다. 키가 크고 마른 남자로 표현했는데, 구레나룻을 짧게 기르고 중산모와 실크해트 사이의 어떤 모자를 씌웠다. 우리가 주목해야 할 부분은, 원문대로 오른손에 '커다랗고 둥근 돋보기'를 들고, 무엇인가를 뚫어지게 쳐다보고 있었다는 점이다. 과학 수사를 표현한 최초의 그림인 셈이다.

'자매의 방에 접근할 수 없다'라고 적은 이유는 헬렌 스토너의 침실 바닥과 벽을 돋보기로 자세히 살펴보았기 때문이다.

중산모(볼러)

중산모는 오늘날 위험한 환경에서 착용하는 안전모의 원형이다. 1849년, 빅토리아 시대의 한 선구자가 런던의 토마스 앤 윌리엄 보울러(*Thomas and William Bowler*) 모자점에 특별한 모자를 주문한다. 말을 탈 때 낮은 나뭇가지에 머리를 다치는 일이 없도록 튼튼하게 만들어 달라고 부탁했는데 완성된 모자를 제작자의 이름을 따 '볼러'라고 불렀다. 안정성을 검사할 때는 발로 밟아서 확인했다!

돋보기, 방대한 지식, 과학적 접근 방식을 버무리는 홈스의 능력은 《블루 카번클》(1892)에서 화려하게 드러난다. 이야기는 홈스가 왓슨에게 돋보기를 주고 '크리스마스 만찬(거위)을 잃어버린 정체불명의 신사'가 두고 간 모자를 한번 살펴보라고 권유하는 장면으로 시작한다. 왓슨(돋보기를 썩 좋게 생각하지는 않는다)은 모자를 보고 추리한 내용을 홈스에게 들려준다.

'쉽게 볼 수 있는 둥근 모양의 평범한 검은색 모자'이며 '버릴 때가 한참 지났을 정도로 낡았다'고 말했다. 또한, '안감은 붉은 비단인데, 대부분 색이 변했으며 제작자의 이름은 없지만, 누군가 한쪽 위에 "H. B"라는 이니셜을 휘갈겨 썼다'는 사실을 지적한다. 바람에 날리지 않게 채우는 '턱 끈' 구멍은 있는데 꿰는 고무줄은 없으며 전체적으로 '여기저기 갈라지고 먼지투성이에다가 얼룩이 많이 생긴' 상태라고 언급했다. 하지만, '잉크로 얼룩을 감추려고 한 흔적이 있다'며 추리를 마친다.

  홈스는 다시 돋보기를 받아들고 모자에서 알 수 있는 14개의 '뻔한 사실'을 설명한다. 소유자에 대한 추리는 다음과 같다.

 1. **'몹시 명석하다.'** 근거: 홈스는 모자가 자신에게 무척 크다며 '머리가 크면 뇌도 크겠지.'라는 결론을 내린다. 하지만, 과학과는 거리가 먼 추리다. 머리 크기와 모양이 성격과 지능을 결정한다는 빅토리아 시대의 골상학을 믿는 모양인데, 골상학은 의사 과학이다. '교양있는*(Highbrow)*'과 '교양 없는*(Lowbrow)*과 같은 표현의 기원이 바로 골상학이다.

 2. **'지난 3년간은 꽤 잘 살았다.'** 근거: 모자는 품질이 무척 좋으며 비싸다. 외형을 보아 약 3년 전에 샀을 것이다.

3. **하지만 지금은 '생활이 굉장히 어렵다.'** 근거: 낡은 모자를 버리지 못하는 이유는 다른 모자를 살 능력이 없기 때문이다.

4. **한때 '앞을 내다보는 혜안이 있었지만, 지금은 예전 같지 않다.'** 근거: 주인은 모자가 바람에 날려 가지 않도록 '턱 끈'을 주문 제작할 만큼 사려 깊다. 하지만 고무줄이 끊어졌어도 새로 달지 않았다. 따라서 '준비성이 예전만 못하다'고 할 수 있다.

5. **'타락했다. 재산이 줄어든 시점에서 나타난 변화인데, 아마 술로 인한 것으로 보인다.'** 근거: 확실하다고 할 만큼은 아니지만, 빅토리아 시대에는 술로 타락하는 사람이 많았다.

6. **모자 주인의 아내는 '남편을 사랑하지 않는다.'** 근거: 모자 주인에게 아내가 있다는 사실은 다른 증거에서 알아냈다. 홈스는 아내가 모자를 몇 주 이상 털지 않았다는 사실에서 아내가 남편에게 소홀하다는 결론을 내린다. (고리타분한 19세기에는 남편의 모자를 솔질하는 일은 아내의 기본 소양이었다!)

7. **'어느 정도 자존감이 남아있다.'** 근거: 모자의 흠을 감추려고 잉크를 칠했다.

8. **'좌식 생활을 주로 한다.'** 근거: '솜털 같은 갈색 먼지'가 모자에 있다는 뜻은 '웬만하면 실내에 걸어놓았다는 뜻'이다.

9. **'외출하는 일이 드물다.'** 근거: 8번과 같다.

10. **'운동을 전혀 하지 않는다.'** 근거: 모자 테에 땀으로 생긴 얼룩이 있다는 점에서 주인은 '땀을 자주 흘린다'는 사실을 알 수 있다. 따라서 허약한 사람일 가능성이 높다. (코난 도일은 운동을 즐기는 사람이었으므로 이쪽에는 능통하다.)

11. **'중년이다.'** 근거: 모자 안쪽에서 찾은 머리카락이 '희끗희끗'했다.

12. **'최근에' 이발했다.** 근거: '돋보기로 살펴본 결과, 잘린 머리카락이 무척 많았다. 이발사의 가위로 예리하게 잘린 모습이었다.'

13. **머리에 '라임 향 헤어크림'을 바른다. 근거:** 머리를 고정할 때 바르는 크림 냄새가 난다.

14. **'집에 가스등이 없을 가능성이 무척 크다.' 근거:** 텔로(촛 농) 자국이 모자에 있다. 촛불과 모자를 같이 들고 올라가 다가 촛농이 모자에 떨어진 것이다.

비상한 법과학적 관찰력과 풍부한 상상력의 소유자는 평범한 돋보기 하나로 놀라운 추리를 해낼 수 있다!

현미경과 망원경

셜록 홈스 정전에는 두 개의 광학장비가 더 등장한다. 바로, 현미경과 망원경이다. 현대 현미경의 원형은 네덜란드인 앤서니 판 레이우엔훅(*Antonie van Leeuwenhoek, 1632~1723*)의 작품이다. 18세기에 색 지움 렌즈가 탄생하고 산업 혁명으로 가공 및 연삭 기술이 발달하면서 현미경은 계속 발전했다. 그 뒤, 지금까지 현미경의 기본 구조는 거의 변하지 않았다.

《세 명의 개리댑》(1924)에 등장하는 자유분방한 학자, 네이선 개리뎁(*Nathan Garrideb*)의 방에 현미경이 있다는 언급은 있지만, 현미경을 자세하게 묘사하지는 않는다. 마지막 홈스 이야기인《쇼스콤 관》(1927년에 출판했으나 설정은 1902년에 마쳤다)에서 현미경이 두 번째로 등장하는데, 경찰인 메리베일(*Merivale*)의 부탁을 받은 홈스가 '저배율' 현미경을 사용해 '세인트 판크라스 사건'(『쇼스콤 관』 시작부에 언급하는 다른 사건)을 해결하는 모습을 보여준다.

　홈스의 현미경은 파월 앤 리알랜드 넘버 1(*Powell & Lealand No.1*)으로 알려져 있는데, 19세기 대부분을 지배한 고성능 장비다. 아이피스 교체 (두 눈 혹은 한 눈으로 관찰할 수 있는데, 홈스는 한 눈으로 사용했다) 기능이 특징이다. 교묘하게 가공한 몸체는 놋쇠로 만든 삼각대 위에 있었다.

　홈스가 '세인트 판크라스 사건'을 현미경으로 해결한 시기는 경찰이 막 현미경을 수사에 사용하기 시작한 때다. 홈스가 법과학 분야에서는 시대를 앞서 있었다는 뜻이다. 물론, 용의자의 '소매 솔기에서 찾은 아연과 구리'를 근거로 화폐 위조범을 '체포한' 이후 경찰이 현미경의 중요성을 깨달았다는 홈스의 주장은 약간 억지스럽기는 하다. 그러나 홈스의 업적이 인상 깊다는 사실은 의심의 여지가 없다. 세인트 판크라스 사건에서 홈스는 살해당한 경찰 옆에서 찾은 모자를 조사한다. 유력한 용의자는 '아교를 자주 다루는 액자 제작자'였는데, 모자가 자신의 것이 아니라고 부인했다. 그러나 홈스는 현미경으로 '트위드 코트에서 나온 실', 먼지가 뭉친 '회색 덩어리', '아교'가 분명한 '갈색 덩어리'를 찾아냈다.

마찬가지로, 이러한 수사 방식 역시 오늘날의 경찰 드라마에 등장해도 전혀 이상하지 않다. 물론, 현대 화학 기술로는 접착제의 종류는 물론이고 제조사까지 알아낼 수 있겠지만 말이다. 정황 증거기는 해도, 중요한 단서로 작용할 수 있다.

20세기에 들어서면서 현미경 기술은 크게 진보했으며 1920년대에는 비교 현미경이 나타났다. 탄도학에서 특히 유용한 장비였는데, 두 개의 총알을 나란히 놓고 비교하면 분석이 쉽기 때문이다. 두 총알이 같은 총에서 발사되었는지 따위를 확인하는 데 사용했다. 현대 법과학자는 총알 비교, 섬유 분석, 잉크 검사, 혈흔 분석 등의 다양한 작업에 현미경을 활용한다.

분광광도계는 현미경보다 훨씬 정밀한 분석에 사용하는 장비다. 1950년대 말에 들어서야 많은 수를 보급할 수 있었다. 최신 형태가 푸리에 변환 적외선 분광광도계(*Fourier Transform Infrared Spectrophotometer*)다. 적외선으로 화학 물질의 존재와 양을 확인하는

데 사용한다. 유기물과 무기물 모두 분석할 수 있으며 극미량에 가까운 혈액이나 약물도 감지한다.

홈스는 이러한 최신 장비를 사용하지 못했지만, 세인트 판크라스 사건에서 한 행동을 생각하면 앞으로 어떤 장비가 나타날지 정도는 예상했을 것이다.

셜록 홈스 전기에 등장하는 광학 장비는 하나가 더 있다.《바스커빌 가의 개》에 등장하는 래프터 저택(Lafter Hall)의 아마추어 천문학자, 프랭클랜드(Frankland)의 '성능 좋은 망원경'이다. 프랭클랜드가 망원경을 사용한 방식은 홈스의 법과학 수사법과는 거리가 멀었지만, 망원경으로 확보한 증거로 세운 가설은 무척 체계적이었다.

프랭클랜드는 '탈옥수를 찾을지도 모른다는 일말의 희망'을 가지고 매일 광활한 다트무어 황무지를 조사한다. 최근에 근방의 감옥에서 탈출한 사람이 있기 때문이다. 어느 날, '은밀한 심부름'을 수행하느라 '작은 짐을 어깨에 메고 언덕을 천천히 오르는 소년'을 발견한다. 얼마 지나지 않아, 홈스는 왓슨에게 소년의 가방 안에 든 물건과 심부름의 정체를 알려준다. 이야기를 읽었거나 영화로 본 사람이라면 흥미진진한 수수께끼의 답을 잘 알고 있을 것이다.

사진사 홈스

첫 번째 셜록 홈스 이야기를 출판할 무렵(1887), 카메라는 돋보기와 현미경과 마찬가지로 법과학 분야에서 무척 중요한 장비였다. 코난 도일은 열렬한 아마추어 사진작가였으며 많은 이야기에서 사진을 중요한 소재로 사용했다. 하지만, 정작 홈스는 1926년에 쓴《사자 갈기》에서 처음으로 카메라를 잡았다.

1854년, 건판 사진 기법이 등장하면서 범죄자, 피해자, 현장 사진을 찍는 일이 많아졌다. 범죄자와 용의자를 기록하는 수단으로 사진을 활용하기는 했으나, 운영 방식은 주먹구구식에 가까웠다. 베르티옹이 신체 치수를 활용한 자신의 체제를 머그샷과 결합하기 전에는 그랬다는 말이다. 홈스 역시 사진을 사용했지만, 직접 피해자의 사진을 찍은 사례는 단 한 번뿐이다. 또한, 범죄 현장을 촬영하거나 다른 사람에게 찍어달라고 부탁한 적이 없다. 어쩌면, 기억력이 좋아서 굳이 사진을 찍을 필요가 없었던 것이 아닐까?

《사자 갈기》에서 홈스가 피해자를 촬영한 이유는 죽은 남자의 몸에서 발견한 채찍 자국 같은 상처가 시간이 지나면 사라질지도 모른다고 판단했기 때문이다. 상처를 '돋보기로 정밀하게' 살펴본 홈스는 확대한 사진을 꺼내며 설명하면서 이렇게 말한다 '이런 사

건에서 제가 수사하는 방식입니다.'

　이 대목이 놀라운 이유는, 뛰어난 사진작가인 코난 도일이 사진 증거의 중요성을 누구보다 잘 알고 있다는 사실을 암시하기 때문이다. 작가는 암실에서 오랜 시간을 보내며 사진을 인화했으며 〈영국 사진학 저널*(British Journal of Photography)*〉에 13건의 기사를 쓰기도 했다. 심지어 자신만의 카메라를 설계하고 일부를 직접 만들었다는 설도 있다. 그런데 왜 홈스는 카메라를 거의 사용하지 않을까? 답은 지문 때와 마찬가지다. 독자의 재미를 위해서다. 코난 도일은 기술이 아니라 머리로 해결하는 사건을 좋아했다.

브라우니 박스 카메라

홈스는 사진을 한결같이 수사에만 활용했지만, 당시는 사진이 부자의 특권에서 대중의 취미로 넘어간 시기였다. 이러한 변화를 가능하게 한 장비가 이스트맨 코닥*(Eastman Kodak)*의 유명한 브라우니 박스 카메라다. 1900년에는 미국에서 1달러에 판매되었다. (지금 물가로 환산하면 약 3만 7,000원에 해당한다)

이야기에 등장하는 사진

홈스가 사진을 활용하는 방식은 현대 수사관과 별반 다르지 않다.《실버 블레이즈》에서 런던의 모자 제작자에게 찾아가 존 스트레이커의 정체를 알아낼 때도 사진을 이용했다.《노란 얼굴》(1893)에서 의뢰인이 텅 빈 집의 잘 꾸며진 방에서 아내인 에피 먼로(*Effie Munro*)의 사진을 찾았다는 말을 듣고 홈스는 잘못된 방향으로 추리를 하지만, 나중에 여인이 숨겼던 아이를 보여주면서 사건의 진실이 드러난다.《두 번째 얼룩》(1904)에서 첩보원인 에두아르도 루카스(*Eduardo Lucas*)가 앙리 푸르네이(*Henri Fournaye*)라는 이름으로 이중생활을 했다는 사실을 알 수 있었던 이유도 사진 덕분이었다.《여섯 개의 나폴레옹 상》에서 원숭이를 닮은 위험한 범죄자인 베포(*Beppo*)를 잡는 과정에서도 사진을 활용했다.

코난 도일은 여러 이야기에서 암실을 등장시키며 사진 지식을 드러낸다.《너도밤나무 숲》(1892)에서 수수께끼의 인물인 제프로 루캐슬(*Jephro Rucastle*) 경은 밤색 머리의 바이올렛 헌터(*Violet Hunter*) 양이 저택의 자물쇠가 걸린 방을 의심하자 사진을 인화하는 암실이라고 둘러댄다.《붉은 머리 연맹》에서 빈센트 스폴딩(*Vincent Spaulding*)이라는 가명으로 활동하던 존 클레이(*John Clay*)는 몰래 터널을 팔 때 암실 핑계를 댄다.

셜록 홈스 정전에서 가장 유명한 사진은 아름다운 아이린 애들러와 보헤미아의 왕이 함께 찍은 사진이 아닐까? 왕은 스칸디나비아 공주와 약혼하기 전, 홈스를 찾아가 반드시 사진을 아이린 애들러의 손에서 돌려받으라고 말한다. 약혼녀가 기품을 중요시하는 성격인 만큼, 사진의 존재가 세상에 알려져서는 안 되기 때문이다. 훌륭한 법과학자인 홈스는 사진 증거의 가치를 잘 알고 있었다.

왕을 만난 홈스는 '폐하…. 그 여인*(Irene Adler)*과 한동안 계속 연애를 하셨군요. 폐하가 보낸 사적인 편지를 다시 돌려받고 싶다는 말씀입니까?'라고 묻는다.

왕은 그렇다고 말한다. 왕이 비밀 결혼을 하거나 증거 문서를 준 적이 없다는 사실을 확인한 홈스는 '그 여인'이 편지로 협박을 한다고 한들, 무슨 수로 둘의 관계를 증명하겠냐고 물었다. 필적은 위조했다고, 개인 편지지는 훔쳤다고 봉인은 위조했다고 사진은 샀다고 변명하면 그만이기 때문이다.

그러나 왕은 예상을 뛰어넘는 대답을 내놓는다. '둘이 함께 찍

은 사진을 주었소.'

'세상에!' 홈스는 탄식했다. '너무 경솔하셨습니다!'

당시에는 조잡하게나마 사진을 조작할 수는 있었지만, '카메라
는 거짓말을 하지 않는다'라는 말에 딴지를 거는 사람은 거의 없
었다. 사건에서도 사진 증거는 신뢰성이 무척 높았다. '조작한' 사
진은 쉽게 식별할 수 있었기 때문이다. 따라서 왕과 아이린이 찍은
사진은 왕의 문란한 행실에 대한 확실한 증거였다.

셜록 홈스를 좋아하는 사람이라면 잘 알겠지만, 아이린 애들러
는 왕과 홈스의 작전에 넘어가지 않았으며 사진 역시 뺏기지 않았
다. 결말에서 아이린은 결혼하고 다른 나라로 떠났기 때문에 결국
왕에게 문제가 될 소지는 사라진다. 또한, '폐하는 저에게 정말 잔
혹한 사람이었습니다. 하지만, 저는 폐하의 앞날을 가로막을 생각
이 없습니다.'라는 글을 남겨서 왕을 안심시킨다.

사진 한 장 때문에 일을 너무 크게 벌였다고 생각하는가? 전혀
그렇지 않다. 홈스는 오늘날의 수사관이나 기자와 마찬가지로 중
요한 사진에 엄청난 가치가 있다는 사실을 잘 알고 있었다.

5장

통신 수단

필적

르네상스 시대 이전에는 글이 특권층과 종교인의 특권이었으므로 필적의 법과학 연구는 처참한 수준이었다. 이후, 교육의 범위가 커지면서 많은 시민이 글을 배웠는데, 특히 성경이 보급된 개신교 국가에서 이러한 성향이 강했다. 이에 따라 필적, 특히 펜과 잉크로 쓴 글에서 여러 가지 정보를 얻을 수 있다고 주장하는 학자들이 나타났다.

필적 연구는 두 분야로 나눌 수 있다. 하나는 글씨를 대조하여 필자를 특정하는 비교적 신뢰할 만한 기술이며 나머지 하나는 글에서 사람의 성별, 심리 상태, 성격을 추리하는 의심스러운 필적학이다. 후자는 19세기에 유행했는데, 특히 프랑스에서 인기가 많았다. 교육을 잘 받고 책을 많이 읽은 코난 도일은 두 가지 유형의 필적 분석법을 모두 알았다. 당연히 셜록 홈스도 마찬가지다. 홈스가 글에서 단서를 얻는 방식은 대부분 몹시 간단하다. 몇 가지 예시에서 살펴보겠다.

《네 사람의 서명》에서 홈스는 모스턴*(Morstan)* 양에게 도착한 두 개의 편지는 같은 사람이 썼다고 주장한다. '의심의 여지가 없습니다. "e"를 그리스식으로 썼다는 점과 "s"의 마지막 획에서 알 수 있습니다. 같은 사람이 보낸 편지가 분명합니다.' 수사 방식 자체는 간결하지만, 결론은 무척 빠르고 확실하다. 그러나, 현대의 시각에서는 섣부른 부분이 있다.

만년필

초기의 펜은 촉 위에 작은 잉크 통을 삽입한 구조였는데, 성능이 썩 좋지 않았다. 하지만, 1880년대에 미국 회사인 워터맨*(Waterman)*이 튼튼하고 그나마 가격이 저렴한 '만년필'을 개발하면서 상황이 달라진다. 금속 펜촉 위에 잉크를 보관하는 배럴을 올린 형태였다. 나중에는 고무로 된 작은 블래더를 배럴 안에 넣어서 잉크가 새는 문제를 해결하고 잉크를 쉽게 채울 수 있도록 했다.

그리스식 "e"는 공포의 계곡에서 다시 나타난다. 이번에는 훨씬 불길하다. 홈스는 편지 봉투를 뜯으면서 확신한다. '폴록*(Polock)*이

보냈군···. "e"를 그리스식으로 쓰고 위쪽을 화려하게 긋는다는 말이지.' 왓슨이 발신자가 어떤 사람이냐고 물어보자 홈스는 '수상하고 종잡을 수 없는' 인간이며 위험한 숙적, 모리아티(Moriarty) 교수의 공범이라고 대답한다. 같은 이야기에서 홈스는 'V.V.341'이라고 적힌 정체불명의 카드가 살인 사건 피해자 존 더글러스(John Douglas)경의 집에서 쓴 것이 아니라는 사실을 증명하기 위해 저택에 있는 종이, 잉크, 펜을 조사한다.

《실종된 스리쿼터백》(1904)에서 홈스는 압지로 편지의 내용을 알아내는 낡은 기법을 사용한다. 같은 수법은《입술이 비뚤어진 남자》에서 다시 등장한다. 이번에는 편지 봉투에서 주소만 색이 다르다는 사실에 주목한다. '이름은 검은색인데···. 주소는 회색이군. 압지로 눌러서 말렸다는 이야기지.' 홈스는 편지를 쓴 사람이 이름을 쓰고 주소를 확인하는 동안 잉크가 저절로 말랐으며 주소를 쓴 뒤에는 압지로 닦아냈다고 추리한다. 편지를 쓴 사람은 주소를 잘 모르는 인물이라는 결론이다. 완벽하지는 않아도 법과학에 근거한 흥미로운 가설이다.

《노우드의 건축업자》에서 홈스는 조나스 올다커(Jonas Oldacre)의 유언장이 글씨체가 고르지 않다는 점을 두고 필적학이라는 무모하고 의문스러운 학문을 근거로 추리를 시작한다. 움직이는 기차에서 유언장을 썼다는 주장이다. '바른 글씨는 기차가 역에 멈추었을 때, 흘려 쓴 글씨는 기차가 움직이는 도중에, 알아보기 힘든 글씨는 기차가 선로전환기 위에서 썼습니다.' 홈스는 창의적인 결론에 만족하지 않고 계속 추리를 이어간다. '전문가라면(홈스 같은) 교외선에서 썼다는 사실을 알겠죠. 대도시 부근 노선은 선로 전환이 잦지 않으니까요.' 마지막으로, 홈스는 기차의 종류와 노선을 과감하게 추리한다. '기차에서 계속 유언장을 작성했다면 노우드와 런던 브릿지 사이에서 한 번만 멈추는 급행열차를 탔겠죠.'

스토리텔링은 훌륭하지만, 법과학의 관점에서는 미흡하다.

엉망으로 쓴 유언장에서 도출한 결론이 조금 억지스럽기는 해도, 다른 사건에서 홈스가 보여준 기행에 비하면 아무것도 아니다. 필적학은 에든버러의 필체 전문가, 알렉산더 카길(*Alexander Cargill*)에게 영감을 얻은 소재로 보인다. 「필체로 보는 건강(*Health in Handwriting*)」이라는 논문을 쓴 사람인데, 1892년 크리스마스 무렵에 작가와 서신을 주고받았다. 코난 도일이 필적과 질병 사이에 관련이 있다는 카길의 이론을 얼마나 진지하게 받아들였는지는 모르는 일이다. 하지만, 셜록 홈스의 놀라운 솜씨를 보여줄 영감을 얻었다는 사실은 확실하다. 셜록 홈스는 기차에서 쓴 유언장 사건 이후, 다시 한번 필적학에 대한 굳은 확신으로 사건을 해결하면서 독자의 입을 쩍 벌어지게 했다.

비중 있는 소재로 다루지는 않지만, 홈스가 필적학을 처음으로 활용한 이야기는《소포 상자》다. 홈스는 상자에 주소를 쓴 사람이 '교육을 제대로 받지 못했으며 크로이든 마을을 잘 모른다'라는 결론을 내린다. 또한, '필적이 남성적'이므로 소포를 보낸 사람이 남자라고 생각한다. 골상학을 믿었던 것처럼, 과학과 의사 과학을 넘나들며 수사를 벌이는 듯하다.

연구 결과, 필적만으로는 성별을 확신할 수 없다는 사실이 밝혀졌다. 하지만, 믿을 만한 과학 실험에서는 글씨를 보고 성별을 맞추라고 지시했을 때, 남성이 여성보다 남자 글씨를 알아볼 확률이 높으며, 여성이 남성보다 여자 글씨를 더 잘 알아본다는 사실이 드러났다.

《라이기트의 수수께끼》에서 홈스는 필적학 분석 능력을 십분 활용한다. 커닝엄(Cunningham) 경과 아들 알렉(Alec)의 집에서 윌리엄 커원(William Kirwan)이 침입한 괴한의 총에 맞아 죽는 사건이 발생한다. 피해자의 손에는 커다란 종이에서 찢어낸 조각(원래 이야기에는 복사본 삽화가 있다)이 있었다. 조각에는 '11시 45분에(at quarter *to twelve)*…. 알게 될 것이네*(learn what)*…. 아마도*(may)*….'라는 문구가 있었다. 홈스는 필체가 '무척 흥미롭다'고 말하며 '유심히' 관찰한 뒤, '잠시 깊은 생각'에 잠겼다가 '기운차게' 자리를 박차고 일어났다.

과학 탐정 셜록 홈스는 종잇조각에서 무엇을 발견했을까?

첫째, 필체가 무척 '들쭉날쭉'하다는 사실은 '두 명이 번갈아 가며 쓴 글이라는 확실한 증거'다.

둘째, 글씨에 두 사람의 성격이 확연하게 드러난다. 증거: "at", "to"에서 t를 쓴 사람은 획이 강하고 "quarter", "twelve"에서 t를 쓴 사람은 획이 약하다. 홈스는 "learn"과 "maybe"를 쓴 사람은 힘이 좋은 사람이고 "what"을 쓴 사람은 유약한 사람이라는 결론을 내린다.

셋째, 두 사람이 같이 글을 쓴 이유는 '서로 불신하기' 때문이라고 생각했다. 따라서 '함께 편지를 써야 한다'고 결정했을 것이다. 홈스가 아무런 설명도 없이 두 명 다 남성이라고 확신했다는 점에 주목하라.

넷째, '"at"과 "to"를 쓴 사람이 주모자다.' 대단히 흥미롭다! 근거는 다음과 같다.

1. '강한 사람이 먼저 자신의 몫을 써놓고 다른 사람이 나머지

를 채우게 했다.'

2. '공간'을 넉넉하게 비우지 않아서 두 번째로 쓴 사람은 "quarter"를 "at"과 "to" 사이에 넣기 위해 글씨를 억지로 구겨 넣었다.

3. 따라서, '자신의 몫을 먼저 쓴 사람이 당연히 주동자다.'

홈스는 자신의 추리를 '무척 피상적이다.'라고 생각한다. 아직 놀라기는 이르다. 홈스는 더 심한 의사 과학을 늘어놓기 시작한다. '전문가는 글을 보고 필자의 나이를 정확하게 맞춘다'는 주장이다. 이쯤에서 셜록 홈스가 코난 도일의 창작물이라는 점을 생각해보자.

그렇다면 두 명의 나이는?

1. 한 명은 필체가 대담하고 강하다.

2. 다른 한 명은 "t"의 가로획이 흐릿하다는 점에서 필체가 ' 약하다.'

3. 결론: '한 명은 젊고 다른 한 명은 나이가 많지만, 노인은 아니다.'

홈스의 추리는 끝나지 않았다. 심지어, '더 묘하고 흥미로운' 사실까지 알아냈다. 두 사람이 '혈연관계'라는 결론이다. 증거는 무엇일까? 첫째, 홈스가 눈여겨보았던 '그리스식 "e" 때문이다.' 홈스 팬이라면 이 독특한 필체가 흔하지 않다는 사실을 알고 있지만, 홈스는 '사소한 부분'을 친절하게 설명하지 않는다. 하지만, '다른 23가지 추리'로 얻은 근거와 마찬가지로 '전문가'가 아니라면 관심 없을 부분이라고 말하며 이유를 자세하게 밝히지 않는다. 대신, '커닝엄 부자가 편지를 썼다'고 결론만 말한다.

홈스, 여자, 필적

홈스는 남녀의 필체가 뚜렷하게 다르다고 믿으며 실제로 글씨를 보고 성별을 구분한다. 과학보다는 오래된 편견에 의존하는 셈인데, 여성은 남성보다 논리가 떨어지며 감정이 앞서며 일관성이 없다고 생각한다. 또한, 이러한 자질이 글에서 드러난다고 믿는다. 《보헤미아의 스캔들》 마지막에는 홈스에게 패배를 선사하면서 홈스가 존경하는 유일한 사람이 된 아이린 애들러가 편지를 남기는 장면이 있다. 어쩌면 아이린 애들러를 상대하면서 얻은 교훈이 성별과 필체에 대한 고정관념을 고치지 않았을까?

필적학은 이야기에 재미를 더하며 셜록 홈스의 명석함을 잘 드러내는 소재로 등장한다. 하지만, 제대로 된 과학은 아니다. 정확하게 말하자면, 과학과는 아무런 상관이 없다. 코난 도일도 아마 알고 있을 것이다. 이야기를 시작하기 전, 코난 도일은 카길에게 필적학이 등장한 이유는 홈스가 종잇조각 한 장에서 엄청난 정보를 얻을 수 있다는 사실을 보여주기 위함이라고 밝혔다. 따라서,《라이기트의 수수께끼》에 등장하는 필적 분석 장면은 홈스의 '과거 예언' 능력을 드러내는 일종의 극적 장치라고 보면 된다.

《라이기트의 수수께끼》에서 자신의 탐정이 무리수를 두었다고 느낀 코난 도일은 셜록 홈스가 마지막으로 다시 한번 필적 분석 능력을 선보일 기회를 준다.《라이기트의 수수께끼》발표 이후 얼마 지나지 않아 내놓은《해군 조약문》에서 셜록 홈스는 편지를 읽고는 필자가 여자이며, '독특한 성격'이라고 확신한다.

홈스 시대 이후의 필적 분석

필적을 대조해서 필자를 찾는 기술은 셜록 홈스 소설뿐 아니라 현실에도 존재한다. 19세기가 끝날 무렵, 억울하게 옥에 갇힌 프랑스인 알프레드 드레퓌스(Alfred Dreyfus)의 무죄를 밝혀 엄청난 정치 스캔들을 일으키는 데도 필적 증거가 큰 도움이 되었다. 1934년, 유명한 비행기 조종사 찰스 린드버그(Charles Lindbergh)와 아내 안네(Anne)의 20개월 된 아들을 유괴한 브루노 하우프트만(Bruno Hauptmann)에게 유죄 판결을 내리는 일에 필적을 활용한 사례도 있다. 2020년, 영국의 한 병원 소속 관리자들은 의료 과실 의혹에 관하여 환자와 내통한 내부 고발자를 찾기 위해 의사들의 필적(그리고 지문)을 조사했다.

필적학은 의문투성이의 학문이다. 점성술과 마찬가지로, 흥미를 유발하는 해괴한 의사 과학이라는 말이다. 성별 여하를 떠나, 외향적인 사람이 필체가 크고 화려하다는 주장은 어느 정도 설득력이 있지만, 성격과 필체 사이에 확실한 관계가 있다고 볼 수는 없다. 과학에서는 필적학은 신빙성이 없다는 사실을 분명히 밝히고 있으나, 필적에 성격이 드러난다는 믿음은 오늘날까지 이어지고 있다. 일부 고용주는 지원자에게 자필 자기소개서를 요구하며 필적 분석 웹사이트는 전 세계에서 수천 명의 방문자를 끌어들이고 있다.

이제 유명한 이야기 하나를 들려줄 차례다. 필적학을 법과학으로 활용할 수 있느냐는 논란에 종지부를 찍기 위함이다. 예전에 필적학자를 몇 명 불러놓고 중요한 국제회의에 참여한 사람이 공책에 적은 낙서를 보여주며 의견을 물은 적이 있다. 전문가들은 필자가 집중력이 떨어지며 지도자의 자질이 없다고 말했다. 글씨를 쓴 사람이 영국 총리 토니 블레이어(*Tony Blair*)라는 말을 듣자, 전문가들은 얼굴을 붉혔다. 도중에 착오가 있어서 다른 사람의 공책을 가져왔다는 사실이 밝혀졌지만, 상황은 달라지지 않았다. 공책의 진짜 주인은 마이크로소프트의 전설, 빌 게이츠(*Bill Gates*)였다.

타이핑

타자기는 19세기 초부터 다양한 모습으로 등장했지만, 사무실마다 보급된 시기는 1870년대다. 1891년, 코난 도일이 타자기를 주제로 한 이야기인《신부의 정체》를 쓸 때까지 타자기는 보기 어려운 장비였다. 코난 도일은 전 해에 약간의 결함이 있는 중고 레밍턴(*Remington*) 타자기를 구매했다. 실용성을 중요시하는 도일은 타자기가 무척 좋은 소재라는 사실을 깨달았으며, 자신과 셜록 홈스를 새로운 법과학 분야의 선구자로 만들기로 한다.

제인스 윈디뱅크의 타자기 글씨를 살펴보기 전에, 타자기가 등장하는 다른 두 작품을 먼저 둘러보고 시작하겠다. 첫 번째 이야기에는 오늘날 우리가 PPL이라고 부르는 광고가 등장한다.《바스커빌 가의 개》에서 라이온스(Lyons) 부인은 '레밍턴 타자기 앞에' 앉은 모습으로 등장한다. '자전거 타는 사람'에서 홈스는 바이올렛 스미스(Violet Smith)양의 손가락 끝이 '주걱 모양'이라는 점에서 의사 과학에 입각한 추리를 시작한다. 처음에는 타자수라고 생각했다가, 나중에 음악가라고 추측한 것이다. 타자수라고 해서 전부 손가락 끝이 뭉툭하다는 추측은 섣부르며 바이올리니스트 역시 마찬가지다. 홈스가 스미스 양이 음악가라는 사실을 확신한 이유가 무엇일까? '얼굴에 분위기가 있네…. 타자기 앞에서는 만들 수 없지.' 골상학은 아니지만, 의문스럽기로는 매한가지인 관상학이 등장하는 순간이다.

《신랑의 정체》에서 잔혹한 사기꾼인 제임스 윈디뱅크는 호스머 엔젤(Hosmer Angel)이라는 성스러운 가명으로 의붓딸에게 편지를 보냈다. 이때 필적을 숨기기 위해 타자기를 사용한다. 자신의 타자기에서 독특한 특징을 찾아낸 코난 도일은 홈스를 통해 깨달은 바를 드러내는데, '타자기는 사람의 필적만큼이나 고유의 특징이 있다'라고 말하는 대목이다. 참신하고 정확한 관찰이다. 물론, 홈스가 말한 대로 새로 산 타자기라면 해당 사항이 없지만 말이다.

관상학

고대 그리스인은 관상학이나 '인체관찰학'을 과학이라고 생각했다. 관상학이 현대에 들어와서 부활한 이유는 스위스 목사, 요한 카스파 라바터(*Johann Kaspar Lavater, 1741~1801*) 덕분이었는데, 《*Physiognomische Fragmente zur Beförderung der Menschenkenntnis und Menschenliebe*》(*1775~1778*)에서 놀라운 삽화와 함께 펼친 이론이 유럽과 미국 전역에 유행처럼 퍼졌다. 번역하면, 〈자세히 살피는 관상학(*Physiognomic Fragments*)〉 정도가 되겠다. 19세기 후반에는 이 책을 인종차별을 정당화하는 '과학' 증거로 인용하는 사람이 생기면서 인기가 시들해졌다.

돋보기로 윈드뱅크의 편지를 관찰한 홈스는 'e'가 불분명하고 'r'의 귀퉁이가 '완전하지 않다'라는 두드러진 특징과 14개의 사소한 특징을 확인한다. '호스머 엔젤'이 사용한 타자기의 특징은 제임스 윈디뱅크의 사무실에 있는 타자기와 일치했다.

홈스의 법과학 수사가 이보다 더 날카로웠던 적은 없었다. 과연 '타자기와 범죄의 관계를 다루는 간단한 논문'을 써볼까 고민할 만한 수준이다. 결국, 논문 작업은 다른 사람이 해냈다. 타자기가 시대의 뒤편으로 밀려날 무렵, 줄이 맞지 않거나 낡은 활자, 불균일한 간격과 찍는 깊이 차이, 정렬, 리본 마모와 같은 특징을 분석하면서 타자기로 작성한 문서 역시 손으로 쓴 글과 마찬가지로 고유의 특징이 있다는 홈스의 명언을 실제로 증명한 셈이다. 전자 프린터에도 비슷한 기술을 활용할 수 있으나, 약간 더 까다롭다. 특히, 레이저 프린터의 경우 더 어렵다.

전보

《악마의 발》에서 왓슨은 홈스가 '전보를 보낼 수 있는 곳에서는 절대 편지를 쓰지 않는다'라고 언급했다. 이유는 간단하다. 편지를 보내도 잘 도착한다고 보장하기 어려울 만큼 외딴 지역에서 멀리 있는 사람과 안정적으로 의사소통하려면 사실상 전보 외에 방법이 없었기 때문이다.

치안이 좋지 않은 곳으로 국제 우편을 보냈다가 받지 못하는 일은 부지기수였으며 안전하게 간다고 해도 꽤 오랜 시간이 걸렸다. 미국이라면 최소 몇 주는 기다려야 하며, 남아프리카공화국이나 호주라면 몇 달이 걸릴 수도 있다. 반면, 전보는 빠르면 몇 시간 안에 답장을 받을 수 있다.《주홍색 연구》에서는 오하이오주 클리블랜드 경찰이 전보로 신속하게 답신을 보낸 덕분에 홈스가 용의자를 쉽게 특정할 수 있었다. 전보는 무뚝뚝한 홈스의 성격과도 잘 어울리는데, 다른 요소보다 속도를 우선시하는 부분에서 특히 그러하다.《해군 조약문》에서 홈스는 '전보 몇 통을 휘갈겨 쓰고' 심부름꾼에게 주며 지금 바로 부치라고 시킨다.

우편 서비스

셜록 홈스가 사는 런던은 최대 하루에 12개의 우편을 배달할 수 있었다. 비용은 영국 내라면 어디든지 편지 하나에 1페니(10진법 도입 이전)였다.

홈스가 전보를 애용했다는 점에서 빠른 의사소통을 선호했다는 사실과 형편이 괜찮았다는 정보를 얻을 수 있다. 육체노동자의 하루 일당이 약 15실링이었는데 1880년 기준 내륙 전보는 20단어에 1실링(20실링이 1파운드)이었으며 추가 단어당 5펜스(240펜스가 1파운드)가 붙었다. 해외 전보는 훨씬 비쌌다. 재미있는 점이 하나 있는데 마침표를 찍는 것보다 'STOP'이라고 보내는 편이 더 저렴했다.

전보의 부수적인 효과

홈스 정전에서 전보는 다양한 역할을 하는데, 자세한 내용은 다음과 같다.

A. 간결하고 긴장감 있게 사건을 전개한다. 예를 들어 살펴보자. 홈스가 왓슨에게 잉글랜드 서부 지역으로 함께 가자고 제안할 때도 전보를 보냈다. '보스콤 계곡에서 비극적인 사건 발생. 조사 동행 바람. 공기도 맑고 경치도 좋음. 패딩턴에서 11시 15분 출발.'

B. 등장인물의 개성을 드러낸다. 《노우드의 건축업자》에서 레스트레이드 경감은 홈스에게 보낸 자신감 넘치는 전보를 보낸다. '중요한 증거 확보. 맥팔렌 유죄 확정. 사건에서 손 떼기 바람. 레스트레이드.' 굉장히 유명한 전보도 하나 있다. 《기어 다니는 사람》(1923)에서 홈스가 왓슨에게 보낸 전보는 이렇다. '올 수 있다면, 최대한 빨리 오게. 올 수 없어도 빨리 오게. -S. H'

《실종된 스리쿼터백》에서 전보는 단순한 통신 수단이 아니라 사건의 핵심 실마리 역할을 한다. 빅토리아 시대를 대표하는 통신 수단인 전보가 왓츠앱 같은 암호화 메시지 체제와 비교했을 때 안정성이 떨어진다는 사실을 보여주는 예시이기도 하다.

먼저, 홈스는 실종된 스리쿼터백인 갓프리 스탠턴(*Godfrey Staunton*)이 보낸 전보 내용 일부를 알아낸다. 압지에 남은 흔적을 뒤집어서 읽는 케케묵은 방식이다. 홈스는 스탠턴이 누구에게 전보를 보냈는지 확인하기 위해 전신국을 찾는다. 전보 체제의 불안정성이 드러나는 대목이다. 전보는 특별한 양식으로 작성한 다음, 전신국에 맡겨서 모스 부호로 변환해 보내는 구조였다. 전보를 받은 전신국은 인쇄하여 배달원(보통 소년)을 통해 수신자에게 전달했다.

전신국에 도착한 홈스는 전보를 쓸 때 실수로 이름을 적지 않았다고 거짓말을 한다. 순진한 직원은 스탠턴의 전보를 가져다주었고 (실제로 이름이 없었다) 홈스는 수신자의 주소를 알아낸다. 필요한 정보를 확보한 홈스는 케임브리지로 향해 스탠턴 실종 사건을 해결한다.

전보 이후의 통신 수단

1840년대에 영국이 1페니 우편제(*Uniform Penny Post*, 1905년에 대영제국 전체로 퍼짐)와 전보(33쪽 참고)를 도입하면서 통신 수단이 천천히 현대화되기 시작했다. 우편과 전보의 복점 시대는 1870년대에 전화(152쪽 참고)가 등장하면서 막을 내린다. 그다음으로는 무선 전신(1880년대~90년대)이 탄생한다. 20세기로 접어들면서 변화속도가 급격하게 빨라졌으며, 팩스, 유선 전화, 무선 전화, 위성 전화, 유비쿼터스, 세상을 바꿔놓은 인터넷이 나타났다.

전 세계의 경찰은 새로운 기술을 발 빠르게 도입했다. 덕분에 땅, 바다, 하늘을 가리지 않고 소통하며 현장 사진과 용의자의 모습을 어디서든 순식간에 공유할 수 있었다. 지하철역이든 산꼭대

전보망

1840년대 후반, 유럽 전역에 동선 전보망이 완성된다. 10년 뒤에는 러시아, 인도, 중국으로도 전보망을 확장한다. 최초의 대서양 횡단 케이블(1858)은 절연재에 문제가 생기는 바람에 겨우 몇 주 만에 망가졌다. 이점바드 킹덤 브루넬(Isambard Kingdom Brunel)이 1858년에 건조한 SS 그레이트 이스턴, 즉 길이 211미터에 용적 톤수가 1만 8,915톤에 달하는 거대 함선을 동원하여 1868년에 새로운 대서양 횡단 케이블을 설치하는 데 성공했고 다시 전신망이 이어졌다.

기든 장소에 구애받지 않고 자료에 접속했다. 암호 기술 덕분에 보안성도 높아졌다.

무선 통신으로 체포한 범인

홀리 하비 크리펜(*Hawley Harvey Crippen*)은 영국에서 아내를 살해하고 대서양을 건너 도주한 사람이다. 대서양 횡단 무선 통신을 이용해 처음으로 체포한 범죄자라는 의미가 있다(1910).

이러한 기술이 수사에 도움이 되기는 했으나, 여러 분야에서 양날의 검으로 작용할 수 있다는 사실이 드러났다. 2018년, FBI가 팬텀 시큐어(*Phantom Secure*)라는 캐나다 회사를 폐쇄한 사건을 살펴보자. 해당 회사는 블랙베리 휴대폰을 개조해 외부에서 메시지를 추적할 수 없도록 만든 다음, 대규모 국제 마약 거래 사범에게 판매했다. 마약범은 거래 전, '안전한' 국가의 서버에서 가상사설망(VPN)을 통해 암호화 메시지를 주고받는 식으로 이용했다.

홈스가 전보국 직원에게 공손하게 구는 것만으로 중요한 정보를 얻었던 사례와는 아예 차원이 다른 문제다!

전화

전화(1876)는 전보의 개선품이다. 전보는 모스 부호를 사용해 전류를 전선에 흘리는 원리로 작용했다. 알렉산더 벨(1847~1922)을 포함한 여러 사람은 다양한 세기의 직류 전류로 음성을 전달하는 기술을 연구했다. 가장 큰 난관은 전류의 세기 변화를 어떻게 유도하느냐였다.

벨은 전류가 산성 용액이 있는 접시를 통해 흐르게 한 다음, 용액에 바늘을 담그고 진동판을 연결하여 문제를 해결했다. 말을 하면 진동판이 떨리면서 바늘의 깊이가 변하고, 이에 따라 진동의 세기 역시 바뀌었다. 전류의 변화를 유도해 전선으로 전달하면 수신기에서 전기 펄스를 다시 진동판의 떨림으로 바꾸어 원래의 소리를 재현하는 원리다.

1876년 말까지 수 킬로미터에 걸쳐 전화선을 설치했으며 탄소 입자 송화기와 전화 교환 체제가 등장했다. 약 1년 뒤에는 빅토리아 여왕 앞에서 전화 시연회가 열린다. 흥미롭게도, 홈스는 전화에 별 관심을 보이지 않았다. 홈스의 '전기 작가들'은 베이커 가에 전화가 생긴 시기는 1902년이라고 주장한다. 버킹엄 궁전보다 25년 늦은 셈이다.《세 명의 개리뎁》(1924년 집필)의 작중 배경이

1902년이며 전화가 등장하는 모습을 볼 수 있다. 역시 1902년을 무대로 하는《저명한 의뢰인》에서 제임스 데메리(*James Damery*) 대령은 쉽게 알려주지 않는 자신의 개인 번호(XX.31)를 알려주면서 홈스를 향한 신뢰를 보였다(마찬가지로 1924년 집필). 새로운 과학과 기술에 관한 관심이 엄청난 코난 도일이 셜록 홈스를 빅토리아 시대 말기에 가두어 놓은 이유는 향수를 불러일으키는 추억의 세계에서 벗어나지 못하게 하려는 의도로 보인다.

홈스는 전화를 다소 늦게 받아들였지만, 경찰은 그렇지 않았다. 1877년, 뉴욕 경찰은 올버니에 경찰 비상 전화박스를 설치했으며 다른 도시 역시 재빨리 그 뒤를 따랐다. 영국에서는 글래스고 경찰이 가장 먼저 시범을 보였다(1891년). 런던은 화재, 구급차, 경찰 서비스를 호출하는 긴급 번호(999)를 처음으로 지정한 도시다.

1930년대의 미국과 영국 경찰은 모두 벽돌만 한 무전기를 휴대했다. 현대 경찰은 암호화 무전기와 라펠 마이크로폰을 반드시 착용하며, 필요에 따라 이어폰을 사용한다. 최신 MEMS(미소 전자 기계 시스템) 라펠 마이크로폰은 압전기(압력으로 발생하는 전기 분극)로 작동하는데, 질화알루미늄과 같은 압전 물질을 이용한다. 이러한 첨단 장비는 구세대 제품과 크기는 비슷할지 몰라도 훨씬 튼튼하며 내구성이 좋고 성능이 뛰어나다.

암호학

　암호학은 부호와 암호를 사용하는 학문이다. 부호는 낱말이 특정 단어나 숫자 따위에 대응하는 반면, 암호는 문자 단위로 치환한다는 점에서 차이가 있다. 홈스가 암호 메시지를 해결한 사건은 총 네 건이며 모두 대단히 어렵지는 않다.

　편지라는 개념이 나타나고 시간이 지나 기원전 1세기 중순 무렵, 편지 내용을 관계자 외의 사람에게 숨겨야 할 필요성이 생겼다. 군(율리우스 카이사르의 암호문)은 물론이고 개인(카마수트라에서 연인에게 추천한 암호문) 역시 암호가 필요한 상황이 있었다. 율리

모스 부호

전자석을 발명(1824년)하고 얼마 지나지 않아 과학자들은 전선을 통해 전기 펄스를 보내는 방법을 알아낸다. 윌리엄 쿡과 찰스 휘트스톤은 이 기술을 기반으로 최초의 상업용 전보(1837년)를 도입한다. 사무엘 모스와 알프레드 베일(*Alfred Vail*)은 짧은 펄스(점)와 긴 펄스(선)를 사용하는 유명한 암호 체계, 모스 부호(1844)를 개발한다.

우스 카이사르와 카마수트라의 암호는 모두 단순하게 문자를 치환하는 원리였다.

고대 그리스의 암호 체계는 더 정교했다. 길고 좁은 양피지를 나무 막대에 나선형으로 말아서 글을 적는 식이었다. 막대를 제거하면 양피지의 글은 알 수 없는 단어의 나열처럼 보인다. 하지만, 발신자의 나무 막대와 정확히 같은 굵기의 막대에 양피지를 감으면 의미를 알 수 있다.

암호의 약점은 규칙이다. 영어를 예로 들어보자. 'e'는 독보적으로 많이 사용하는 알파벳이다.《춤추는 사람》(1903)에서 홈스는 이 사실을 이용해 암호를 풀어낸다. 규칙은 곧 암호를 해독하는 실마리다. 알베르티 원판(Alberti's cipher disk, 1470)은 다중문자암호를 설정하는 장비로, 간단했던 기존의 치환 과정을 더욱 복잡하게 만들어 보안성을 높였다.

홈스는 자신이 '온갖 종류의 암호에 상당히 익숙하다'고 밝히며 '암호에 관한 간단한 논문'을 쓰기 위해 '160개의 암호'를 분석했다고 말했다.(『춤추는 사람』) 하지만《글로리아 스콧 호》에서는 암호를 풀기 위해 심오한 지식을 이용할 필요가 없었다. 두 단어씩 건너뛰면서 읽기만 하면 의미를 알 수 있었기 때문이다.

《공포의 계곡》에서는 홈스가 책 암호를 푸는 모습이 등장한다. 책 암호는 발신자가 숫자 목록(단어도 가끔 섞는다)을 보내면 특정 책(다양한 단어가 있는 긴 책을 주로 사용한다)에서 숫자에 대응하는 단어를 찾아 해독하는 원리다. 책이 같아야 숫자에 맞는 단어를 찾고 내용을 확인할 수 있다. 공포의 계곡에서 사용한 책은《휘터커 연감(Whitaker's Almanac)》이다. 홈스는 발신자가 사용한 책을 빠르게 추리하여 알아낸 다음, '534 C2 13 127 36'이라는 메시지를 534쪽, 2단, 13번째 단어: 'there', 127번째 단어: 'is', 36번째 단어: 'danger'를 이어서 '위험이 온다'라는 식으로 해석한다.

'레드 서클'에서는 홈스가《데일리 가제트(Daily Gazette)》의 〈애고니 칼럼〉(고민 상담란)에서 '1은 A, 2는 B로 해석할 것'이라는 글을 찾으면서 암호 푸는 일이 더 쉬워진다. 암호화 원리를 알아낸 홈스는 촛불의 깜빡임을 보고 메시지를 해석한다. 초가 한 번 깜빡이면 'A'이며 26번 깜빡이면 'Z'라는 식이다(모스 부호를 사용했다면 일이 훨씬 쉬웠을 것이다). 탐정이 메시지가 이탈리아어라는 사실을 깨닫기는 했으나, 이탈리아 알파벳에 'K'가 없다는 사실은 간과한 것처럼 보인다(몰랐거나). 이탈리아 알파벳은 11번째부터 영어와 달라지는데, 11번째 이탈리아 알파벳은 'K'가 아니라 'L'이다. 물론, 홈스 팬들의 주장대로 암호를 고안한 사람이 해독을 피하기 위해 일부러 로마자 알파벳으로 이탈리아어를 표현했을 가능성도 있다.

단어나 글자를 숫자로 바꾸는 암호 체계의 기본은 20세기에 들어서도 변하지 않았다. 발신자와 수신자 모두 특정 숫자에 어떤 단어나 글자가 대응하는지 적힌 암호 책이 필요하다는 부분이 약점이었다. 제1차 세계 대전에서 연합군이 치머만의 전보를 해독할 수 있었던 이유도 독일군의 암호 책을 노획했기 때문이다.

제1차 세계 대전이 끝난 뒤, 보안에 민감한 메시지를 은밀하게 보낼 방법을 연구하면서 다양한 암호기가 탄생했다. 가장 유명한 사례가 독일이 제2차 세계 대전 당시 사용한 에니그마다. 에니그마 메시지를 해독하는 과정에서 다음 세대의 중요한 발명품이 탄생했는데, 바로 프로그래밍이 가능한 디지털 컴퓨터다. 컴퓨터는 높은 수준의 이론 수학과 결합하여 암호학을 훨씬 정교하고 복잡한 수준으로 올려놓았다.

에니그마

독일에서 개발한 에니그마는 회전자라는 장치를 설정한 다음, 타자기 자판처럼 생긴 입력 키보드를 치면 위쪽 램프보드의 특정 알파벳에 불이 들어오는 전자 장비다. 빛이 들어오는 알파벳을 기록하면 암호 문서가 탄생하는 원리다. 암호 문서를 받는 측 역시 에니그마를 사용해 문서를 해독했다. 회전자 구성은 매일 바뀌었다. 1932년, 폴란드 암호국은 에니그마의 원리를 알아내고 제2차 세계 대전이 터졌을 때 연합국에 공개했다. 에니그마 해독 기술은 전쟁 결과에 지대한 영향을 미쳤다.

현대 암호학은 다양한 체계를 사용한다. (i) 겉으로는 단순하지만 풀기가 무척 어려운 수학 문제, (ii) 수신자와 발신자가 같은 키를 사용하는 대칭키 암호, (iii) 분해한 원문을 무작위로 생성한 긴 자료와 합쳐서 생성하는 스트림 암호, (iv) 메시지를 짧은 값으로 바꾸는 암호화 해시 함수(컴퓨팅에서 해시는 입력값을 짧은 숫자 값으로 바꾸는 함수를 의미한다). (v) 메시지 인증 코드(MACs)는 휴대폰을 사용하며 암호화 해시 함수와 비슷하지만, 보안성이 더 높다.

6장

이동 수단

홈스는 조사를 시작하면 사방을 빠르게 휘젓고 다닌다. 이번 세션에서는 홈스가 이용한 이동 수단의 종류와 속도를 알아보고 교통 체계에 대한 홈스의 지식이 사건 해결에 어떤 식으로 영향을 미쳤는지 살펴보자.

마차(캡, 카트, 옴니버스)

셜록 홈스가 출현하기 1년 전은 벤츠사의 첫 번째 자동차가 바덴뷔르템베르크의 도로를 질주한 해다. 그러나, 탐정은 기존의 이동 수단을 선호하는 듯하다. 당시 영국의 상황과《신랑의 정체》에서 말채찍을 가지고 있다는 점에서 홈스가 말을 탈 줄 안다는 사실을 추론할 수 있다. 하지만 홈스가 번잡스러운 런던의 시내를 이동할 때 주로 사용한 이동 수단은 핸섬 캡*(Hansom cab)*이다.

요크셔 출신 설계자, 요셉 핸섬*(Joseph Hansom, 1803~1882)*은 원래 소목장이였다. 소목장 일을 하면서 익힌 기술과 지식 덕분에 안전하고 '빠른' 이동 수단인 핸섬 캡을 만들어 역사에 이름을 남길 수 있었다. 기존의 마차는 승객과 짐을 위쪽에 올렸으므로 무게 중심이 높아서 쉽게 뒤집혔고 무척 위험했다. 핸섬 캡은 충격을 흡수하는 차축 위에 반타원형의 리프 스프링을 장착하고 가벼운 나무로 만든 승객 칸을 올린 구조이므로 뒤집힐 위험이 낮았다. 또한, 승객에게 오는 충격이 작고 승차감이 좋았다.

리프 스프링

1804년에 특허를 받아 1880년대까지 널리 사용한 장비다. 여러 겹의 길고 탄력 있는 철판을 겹친 구조인데, 중심부로 갈수록 철판이 짧다. 완전한 타원형의 리프 스프링은 활 모양 리프 스프링 두 개를 끝을 맞추어 결합한 형태다. 핸섬 마차에 사용하는 리프 스프링은 결합하지 않은 반타원형이다. 양 끝은 마차의 몸체에 둥근 바닥은 차축에 장착한다. 흔들리면서 노면에서 올라오는 충격을 흡수하는 역할이다.

처음부터 있었던 기능과 나중에 추가된 장비로는 탑승자의 수, 위치, 무게에 따라 마차의 중심을 잡는 균형 장치, 승객이 마차에 탄 채로 마부에게 돈을 건넬 수 있는 지붕 구멍, 요금을 받고 나서 잠긴 앞문을 여는 기계 장치, 말발굽에서 튀는 진흙과 오염물이 승객에게 가지 않도록 막는 물받이 정도가 있겠다. 마부는 마차 뒤쪽의 탄성 있는 운전석에 서거나 앉았다. 설계와 기술이 무척 효율적이어서 자동차를 처음 만들 때도 핸섬 캡의 구조를 참고했다.

핸섬 캡을 개발할 때 중요하게 생각한 요소는 안전과 속도였다. 당시 핸섬 캡이 달렸던 속도를 정확히 알아낼 방법은 없지만, 홈스가 살던 혼잡한 런던에서 시속 16~25킬로미터를 오래 유지하기는 어려웠을 것으로 보인다.《보헤미아의 스캔들》에서 언급한 속도는 현실성이 없다. 아이린 애들러의 약혼자, 갓프리 노턴(Godfrey Norton)은 세인트존스우드에서 마차를 잡은 다음, 마부에게 20분을 줄 테니 '미친 듯이' 달려서 리젠트가에 들렀다가 에지웨어 로드(셜로키언 사이에서는 크리클우드의 로마 가톨릭 교회로 추측하고 있다)의 한 교회로 가라고 말한다.

노턴은 결혼식 시간에 맞추어 도착하는데, 이는 마차가 시속 40킬로미터라는 말도 안 되는 속도로 달렸다는 뜻이다. 홈스 역시 세인트존스우드에서 마차를 타고 추적하면서 약 5킬로미터를 20분에 주파한다. 홈스가 '살면서 가장 빨리' 달렸다고 말하는 대목에서 시속 16킬로미터는 확실히 넘었다고 생각할 수 있다.

아이린 애들러는 두 마리의 말이 끄는 랜도 마차를 타고 홈스보다 먼저 교회에 도착한다.《실버 블레이즈》에도 등장하는 사륜마차인 랜도 마차는 핸섬 캡보다 고급스러운 이동 수단이다. 하인과 마부를 제외하고 4명이 편하게 앉을 만한 크기이며 날씨가 좋으면 지붕을 접을 수 있다. 15세기 헝가리에서 개발한 회전하는 앞차축 덕분에 모퉁이를 돌 때 옆으로 쏠리지 않았다.

《주홍색 연구》에는 다른 마차가 하나 등장하는데 홈스에게는 이미 익숙한 두 마리의 말이 끄는 마차다. 브릭스턴의 로리스톤 가든 3번지의 길가를 조사할 때, 홈스는 마차가 남긴 바퀴 자국에 주목한다. 그리고 마차 바퀴의 간격이 좁다는 점에서 바퀴 자국을 남긴 마차가 범인이 이용한 전세 마차라는 사실을 알아차린다. '런던의 그로울러 대부분은 신사들이 타는 브루엄보다 바퀴 간격이 좁습니다.'라고 말한다(저자는 이탤릭체로 썼다).

그로울러는 미니 스테이지 코치와 비슷하게 생겼다. 문이 두 개인 튼튼한 전세용 사륜마차라고 보면 된다. (하나 혹은 두 마리의 말이 끄는 해크니 캐리지도 그로울러에 속한다) 핸섬 캡보다 느리고 불편했지만 여섯 명의 승객과 짐을 운반할 수 있었다. 앞과 뒤의 차축에 장착한 타원형 리프 스프링이 특징이며 앞차축은 돌릴 수 있었다. 그로울러라는 이름은 자갈이 깔린 거리를 달릴 때 삐걱거리는 *(Grinding)* 소리에서 유래했다. 브루엄은 그로울러보다 더 호화로운 마차다. 가벼운 만큼 사륜마차인 캡보다 빨랐고 더 아늑한 공간에 두 명의 승객을 태웠다.

홈스는 브로엄의 이동 속도(약 시속 16킬로미터)를 알고 있었던 덕분에《실종된 스리쿼터백》에서 레슬리 암스트롱(Leslie Armstrong) 박사가 다녀온 장소의 위치를 추리할 수 있었다. 박사가 '한 쌍의 회색 말'이 끄는 마차를 타고 케임브리지를 세 시간 동안 떠나 있었다는 사실에서 홈스는 행선지가 '16킬로미터에서 19킬로미터' 안에 있다는 결론을 내린다(물론, 즉시 추리해낸 사실이다).

《입술이 비뚤어진 남자》와《얼룩 끈》을 포함한 여러 작품에서 등장한 도그 카트는 런던을 떠날 때 자주 애용한 이동 수단이다. 이미 앞에서도 다룬 바 있다(33쪽 참고). 말이 끄는 옴니버스는 1820년대부터 런던 거리에 있었으나 20세기에 접어들면서 자동차에 자리를 내주며 순식간에 몰락한다. 여러 가지 동력원으로 대체하려는(증기 같은) 시도가 있었지만 결과는 신통치 않았다. 결국 1903년, 런던에 최초의 전기 트램이 모습을 드러냈다. 하지만, 신사인 홈스는 우리가 아는 한 이러한 대중교통을 이용한 적이 없다.

잔혹한 제임스 윈디뱅크(호스머 앤젤이라는 가명을 쓴)가 결혼식장에 도착하자마자 순식간에 사라졌을 때 탄 마차도 아마 그로울러였을 것이다. 앞쪽으로 탈 수 없기 때문인데, 홈스는, '그로울러가 사륜마차의 한쪽 문으로 들어가서 반대쪽으로 내리는 속임수를 썼다'라고 말했다(『신랑의 정체』).

자전거

우리는 《프라이어리 스쿨》(108쪽)에서 사라진 소년을 찾는 동안 홈스의 추적 능력과 자전거 바퀴에 관한 뛰어난 지식을 관찰한 바 있다. 코난 도일은 세발자전거를 타기는 했어도 꽤 열정적인 자전거 애호가였고 하루에 자전거로 160킬로미터를 달리는 날도 있었다. 세기가 바뀌면서 전국에 자전거 동호회가 생겼고 자전거 애호가를 위해 지도를 배포했으며 위험한 곳에는 경고판도 세웠다. 1910년에는 조지 5세(King George V)가 '사이클리스트 투어링 클럽'의 후원자로 나서기도 했다.

따라서, 1904년에 발표한 프라이어리 학교에 처음으로 자전거가 등장한다는 사실은 다소 의아하다. 이후 《자전거 타는 사람》과 《공포의 계곡》에서 자전거가 등장하며, 《실종된 스리쿼터백》에서는 중요한 역할을 해준다. 여기서 우리는 홈스가 작가처럼 자전거를 잘 탄다는 사실을 추리할 수 있다.

레슬리 암스트롱의 브로엄이 케임브리지에서 교외로 나가는 모습을 포착한 홈스는 얼른 자전거 가게에서 자전거 한 대를 빌려 타고 따라갔으며 곧 암스트롱을 발견하고 약 90미터 간격을 유지하며 미행했다. 불행히도, 박사는 홈스의 존재를 눈치채고 머리를

바큇살

초기의 바퀴는 단단한 나무로 만들었는데, 튼튼했지만 무척 무거웠다. 바퀴의 중심과 테를 이을 살을 하나씩 깎은 다음, 철 테에 붙여서 조립하는 식이었다. 바큇살은 압축 목재를 사용했다. 19세기 중순에 등장한 와이어 스포크 휠은 제작 순서가 반대였다. 바퀴 중심에 먼저 살을 붙인 다음, 테를 둘러서 고정했다. 무척 가벼웠기에 현대의 자전거가 탄생할 수 있었다.

써서 따돌렸다.

애연가에 약물을 상습 복용하는 홈스가 한 쌍의 고급 말이 끄는 날랜 마차를 쉽게 따라갈 수 있었던 이유가 무엇일까? 자전거가 대단한 이유는 6가지로 정리할 수 있다.

1. 19세기의 '안전 자전거'는 다이아몬드 프레임에 크기가 비슷한 바퀴 두 개를 앞뒤로 장착하며 앞바퀴는 조향 기능이 있다.

2. 공기압식 타이어 (108쪽 참고)

3. 와이어 스포크 휠 (167쪽 바큇살 참고)

4. 페달. 19세기 초기에 등장했다. 상하 왕복 운동을 회
   전 운동으로 바꾸는 크랭크 원리를 활용한다.

5. 체인, 1870년대에 세발자전거와 두발자전거에 처음
   장착했는데, 즉시 위험천만한 '페니 파딩'을 역사의
   뒤안길로 밀어버렸다. 롤러 체인과 스프로킷은 지금
   까지 발명한 동력 전달 방식 중 몇 손가락에 꼽을 만
   큼 효율이 높다.

6. 로드(Rod)나 보덴 케이블(Bowden cable)을 사용하는 효과
   좋은 캘리퍼 브레이크.

철도

홈스의 활동기는 제대로 된 자동차가 등장하기 전이다. 짧은 거
리는 캡(런던 시내)이나 도그 카트(교외)로 이동하지만, 긴 거리는
기차를 탄다. 일등석을 애용하며 '급행열차'를 선호한다. 급행열
차라는 용어는 기차의 속도가 평균 64킬로미터이던 시절인 1840
년대에 탄생했다.《프랜시스 카팍스 여사의 실종》에서 홈스는 왓
슨이 프랑스 여인을 '매우 성급하게' 쫓았다며 질책하고 '야간 급
행열차'를 타고 몽펠리에를 떠나 런던으로 돌아가자고 말한다.

이 사건은 영국 등지의 철도 체계에 대한 셜록 홈스의 법의학적 지식을 잘 보여주는 사례다. 《블랙 피터》(1904)에서 홈스는 홉킨스(Hopkins) 경감에게 이니셜 C. P. R.은 '캐나다 태평양 철도(Canadian Pacific Railway)'의 약자라고 말한다. 런던 부근의 철도라면 거의 모든 역과 선로전환기 위치까지 꿰고 있는 것처럼 보인다. 《실버 블레이즈》에서 모험을 끝내고 집으로 돌아오는 길에 무심한 태도로, '여기는 클래펌 정션입니다. 제가 잘 못 짚지 않았다면, 아마 10분 안에 빅토리아에 도착할 것입니다.'라고 말한다. 《노우드의 건축업자》에서는 조나스 올다커의 필체를 보고 어떤 노선에서 유서를 적었는지까지 알아냈다.

또한, 《마지막 사건》에서 빅토리아역으로 가서 무사히 기차를 타기 위해 복잡한 계획을 세우고 《애비 그레인지 저택》(1904)에서 열차 시간표를 참고해 유스터스 브래큰스톨(Eustace Brackenstall) 경의 살해 시간을 추정하는 모습을 보아 빅토리아 시대의 철도 체계는 꽤 정확하다는 사실을 알 수 있다. 이유는 세 가지로 나눌 수 있는데, 튼튼한 기관차, 명확한 신호, 견고한 선로다.

증기 기관차

기관차의 안정성이 올라간 이유는 증기 기관 기술이 발달한 덕분이다. 바꾸어 말하면, 과학자들이 기압, 액체(물), 기체(증기), 온도의 관계를 더 정확하게 파악했기 때문이라는 뜻이다. 이러한 진보와 함께 여러 분야에서 혁신이 일어났고 1829년, 레인힐 트라이얼즈에 유명한 로켓 호가 출범해 우승을 차지했으며 이듬해에는 최초의 여객 철도로써 리버풀과 맨체스터 사이를 이었다. 1840년대까지 운행한 로켓호는 (코난 도일이 태어나기 19년 전) 홈스 시대와 그 뒤에 나타난 모든 증기 기관차의 원형이었다.

응축기

최초의 상업용 증기 엔진은 실린더의 피스톤 아래에 응축기를 넣고 증기를 응축하는 원리로 작동했다. 부분 진공이 생기면서 피스톤이 압력을 받아 아래로 내려가는 식이다. 응축 과정에서 실린더의 온도가 계속 떨어졌기에 효율은 처참했다. 1865년, 제임스 와트가 실린더와 응축기를 분리하면서 증기 기관의 효율성은 크게 올라갔다.

주요 특징

앞쪽의 높은 **굴뚝**

배출 증기를 굴뚝으로 보내는 **송풍관**, 화실로 들어가는 공기를 늘린다.

후방의 **화실**, 워터 재킷으로 감싼다.

연관식 보일러: 불에서 나오는 뜨거운 기체가 구리관을 통해 흐른다.

복동증기기관(증기가 피스톤을 번갈아 가며 양쪽으로 밀어내는 구조): 제임스 와트*(James Watt, 1736~1819)*가 떠올린 두 개의 실린더 구조는 분리 응축기의 원형이 되었다.

실린더 (꼭 맞는 피스톤을 장착하며 존 윌킨슨이 1774년에 발명한 신형 천공기를 사용한다.)

동륜과 종륜: 로켓호의 동륜은 **거대한 스포크 휠**이었는데, 금속 테에 나무 부품을 붙인 형태였다.에 나무 부품을 붙인 형태였다.

신호

초기 철도 체계의 치명적인 문제는 기차의 행방을 파악하기 어렵다는 데 있었다. 철, 쇠, 나무로 만든 육중한 이동 수단이 시속 48~64킬로미터로 질주하는데도 불구하고 빠르게 멈출 방법이 없었으니 무척 위험했다. 특히, 같은 선로를 달리는 두 대의 기차가 정면으로 충돌하면 끔찍한 결과로 이어질 수 있었다. 이후, 선로 바로 옆에 전신 체계를 설치하고 선로를 '구획'별로 나누어서 부분적으로나마 문제를 해결했는데, 하나의 구획을 지나는 열차는 한 대로 제한하는 식이었다.

홈스의 시대에도 운전사가 신호에 따라 기차를 운행했다. 수기 신호였는데, 찰스 그레고리(Charles Gregory, 1817~1898)가 1840년대 초반에 개발한 체제를 1870년대까지 표준화하며 사용했다. 신호기는 기둥에 빨간색과 하얀색을 띤 완목이 하나 달린 형태였다. 완목 끝에는 색유리를 달고 뒤쪽에 조명을 설치했다. 완목이 90도로 서고 유리가 붉게 빛나면 멈추라는 뜻이며 45도로 내려가서 초록빛으로 반짝이면 지나가라는 의미였다.

신호기는 신호소로 이어지는 케이블로 제어하며 신호수는 (언제나 남자였다) 레버를 당겨서 선로전환기를 작동하는 임무도 맡았다. 여러 개의 노선이 나란히 달리는 장소나 혼잡한 교차로에는 신호소를 높은 곳에 설치해서 신호수가 양쪽을 정확하게 보고 신호를 보내도록 했다.

철도

영국의 선로는 20.1미터 길이의 레일을 연결해서 만들며 결합 시 이음매 판과 볼트를 사용해 더운 계절에 레일이 팽창할 공간을 확보한다. 기차에서 덜커덩 소리가 나는 이유는 바퀴가 이음매 판을 지나기 때문이다. 레일은 침목 위에 놓고 레일과 침목은 철제 체결 장치로 결합한다. 모든 선로는 도상 위에 설치한다.

홈스 이후의 철도

빅토리아 여왕이 승하한 뒤, 1년 동안 영국 철도 체계는 거의 변하지 않았다. 수익성이 없는 노선을 폐쇄하거나 유지보수 비용을 낮추고 승차감을 높이기 위해 꾸준히 레일을 손보는 정도였다. 동력원은 증기에서 디젤, 디젤 전기, 전기 순으로 서서히 바꾸어

나갔다. 신호 체계를 부분적으로 전기화하고 선로전환기의 위치도 수정했다. 하지만, 기차의 속도는 1990년대나 1900년이나 거의 비슷했다.

21세기에 들어서면서 철도가 사기업으로 넘어간 뒤에야 (홈스 시대에 그랬듯이) 충분한 투자를 받으면서 고속 노선, 전기화, 최신형 기차와 역, 와이파이 객차와 같은 현대화가 이루어졌다. 따라서 2020년에는 유명한 증기 기관차인 플라잉 스코츠맨(*Flying Scotsman*, 1923년 생산) 역시 속도가 느린 관계로 마침내 주요 노선에서 물러날 것으로 보인다(시속 120킬로미터).

선로전환기

기차의 경로를 바꾸는 문제는 찰스 폭스(*Charles Fox, 1810~1874*) 경이 움직일 수 있는 레일인 선로전환기를 발명하면서 해결되었다. 이 장비는 '포인트'라고도 불렀는데, 기차의 올바른 방향을 '지시하기' 때문이다. 1880년대까지 거의 모든 선로전환기는 사고를 피하고자 신호 전달 체계와 통합했다. 보통 신호소에서 선로전환기를 조작해 진로를 제어했다. 앞에서 설명했듯이, 《노우드의 건축업자》에서 홈스는 기차가 선로전환기를 지날 때마다 덜컹거린다는 사실을 이용해 조나스 올다커가 탄 노선을 알아낼 수 있었다.

지하철

홈스의 하숙집은 패딩턴 역(1898년에는 매릴번에 새로운 역이 생긴다)으로도 가기 쉽고 핸섬 캡을 이용하면 유스턴(1837년 완공), 킹스크로스(1852년 완공), 세인트 판크라스(1868년 완공)도 금방이다. 베이커 스트리트 역도 도보로 얼마 걸리지 않는다. 다시 말해, 위치상 런던 지하철의 요지라는 말이다.

《붉은 머리 연맹》을 보면 홈스가 핸섬 캡을 타지 않을 때 사용하는 이동 수단이 지하철이라는 사실을 알 수 있다. 홈스에게 의뢰하러 오는 사람도 마찬가지다. 《녹주석 보관》에서는 은행장인 알렉산더 홀더(Alexander Holder)가 눈이 와서 마차가 제대로 달리지 못하는 날, 최대한 빨리 홈스를 만나기 위해 지하철을 타고 베이커가로 향했다.

홈스가 활동하던 1887년, 런던의 지하철 체계는 20년 넘게 운영중이었다. 런던 지하철은 세계 최초의 대규모 대중교통이었고 최신 기술의 집약체였다. 1호선은 절개식 공법과 기존의 터널 기술을 함께 사용하여 건설했으며 패딩턴역, 유스턴역, 킹스크로스역, 시티역을 이었다. 개통일은 1863년 1월이다. 다른 노선 역시 얼마 지나지 않아 운행을 시작했으며 런던의 심장부를 연결하는 내부 순환선은 1884년에 완성했다.

절개식 공법은 가장 간단한 터널 건설법이다. 커다란 도랑을 파고 바닥에 선로를 놓은 다음, 천장을 튼튼하게 올리면 끝난다. 절개식 공법으로 지하철을 지으면 비용이 적게 들고 지상 매표소를 건설하는 작업과 병행하기 쉬우며 환기구 설치가 용이하다는 장점이 있다. 물론, 공사 도중 붕괴의 위험이 있다는 치명적인 단점이 있기는 했다.

증기 기관으로 달리는 노선은 1890년에 전기 지하철을 도입하기 전, 모든 열차는 증기 기관으로 운행했다. 따라서 연기가 자욱한 지하의 공기는 끔찍했다. 게다가 많은 승객(홈스 포함)이 담배를 피웠고 밀폐된 객실에 가스등을 켰다. 따라서 기절하거나 발작하는 사람이 흔했다. 지하철 직원(모두 남성이었다)은 수염을 길러서 오염된 공기를 걸러내어 마시게 하자는 말이 나오기도 했다! 시련은 목적지에 도착해도 끝나지 않았다. 역에 에스컬레이터를 설치한 시기는 1911년이다. 당연히 그전에는 숨 막히는 공기 속에서 걸음을 옮기며 밖으로 나갈 때까지 오랫동안 고통받아야 했다.

브루스 파팅턴 호 설계도

1908년에 발표한 《브루스 파팅턴 호 설계도》는 1895년을 배경으로 한 작품으로, 홈스 시리즈에서 유일하게 런던 지하철을 중심으로 벌어지는 이야기다.

어느 날 아침, 홈스는 아서 캐도건(*Arthur Cadogan*)이라는 울리치 무기고 소속의 젊은 공무원이 사망했으며 극비 잠수함의 설계도가 사라졌다는 보고를 받는다. 시신은 얼드게이트 역 근처의 지하 선로 옆에서 발견했다. 머리에 단 한 번의 공격을 받아 숨이 끊어졌으며 주머니에서 사라진 설계도 일부가 나왔으나 차표는 없었다. 사건 당일 얼드게이트 역을 지나는 열차에 탑승한 승객 한 명은 11시 40분경 얼드게이트 역 도착 직전에 무거운 물체가 떨어지는 소리를 들었다고 증언했다. 시체가 선로 위로 떨어지는 소리일 가능성이 높았다.

홈스는 법과학 추리와 지식을 활용해 즉시 사건의 실마리를 찾았다. 먼저, 얼드게이트 역으로 들어오는 선로에 선로전환기가 많다는 사실에 주목했다. 수색 결과, 선로 주변에서는 핏자국이 전혀 나오지 않았다. 또한, 무거운 물체가 떨어지는 소리가 났다는 점과 캐도건에게 차표가 없었다는 사실은 무슨 의미일까….

당시에는 압축 공기 개폐 장치가 없었으므로 지하철 문은 수동으로 여닫았다. 따라서 범인이 캐도건을 객차 안에서 살해한 다음, 밖으로 던졌을지도 모른다. 하지만, 현장을 목격하거나 의심스러운 소리를 들은 승객은 없었다. 게다가, 살해 현장이 객차 안이라면 핏자국이 없을 리가 없다….

정황에 들어맞는 유일한 가설은 범인이 캐도건을 다른 곳에서 살해했고 지하철이 지상으로 올라오는 지점에서 기다리고 있다가 지붕에 던졌다는 것뿐이다. 시신은 열차가 선로전환기를 지날 때 흔들리면서 떨어졌다. 홈스는 열차가 자주 멈추는 구간 근처에 집이 하나 있다는 사실을 알아내고 선로가 보이는 창턱에서 핏자국을 찾아내어 자신의 추리를 증명한다.

자동차

벤츠에서 내연기관을 장착한 자동차를 내놓은 시기는 1885년이다. 홈스는 20세기까지 모험을 이어나갔지만, 단 하나의 이야기에만 자동차가 등장한다. 작가가 자신의 탐정이 빅토리아 말기의 안개 속에 안전하게 머무르기를 바랐기 때문이다. 당시까지만 해도 사람들은 과학이 세상을 편하게 한 만큼 참혹하게 파괴

할 수도 있다고는 생각하지 못했으며 일종의 만병통치약 같은 존재로 보았다.

1917년에 발표한《마지막 인사》의 작중 배경은 1914년이다. 제1차 세계 대전 발발 직전의 이야기로, 두 개의 자동차가 등장한다. 하나는 독일 외교관이자 첩자인 폰 헤를링 남작(*Von Herling*)의 소유다. 두 번째 자동차는 헬링크 남작이 떠난 뒤에 나타난다. '건장하고 나이 지긋한' 운전기사의 차에서 내린 사람은 미국인 첩자, 앨터몬트(*Altamont*)였다.

앨터몬트에게 정보를 전달받는 폰 보르크(*Von Bork*)는 여러 대의 차가 있다. 앨터몬트는 두 사람 관계를 숨기기 위해 '자동차 전문가' 행세를 하고 있으며 폰 보르크에게 메시지를 보낼 때 자동차 정비공 용어를 사용한다. 예를 들어, '점화 플러그'는 해군 암호라는 뜻이다.

앨터몬트가 정교하게 변장한 홈스이며 운전기사가 왓슨이라는 사실은 크게 놀랍지 않았다. 과학에 능통한 홈스가 라디에이터(전함을 뜻하는 암호)와 오일펌프(순양함)를 비롯한 자동차 부품을 잘 알고 있다는 사실 역시 그러하다. 홈스가 자동차를 운전하거나 소유한 사실이 있는지는 밝혀진 바가 없지만, 자동차의 원리를 잘 알고 있었으며 조국의 비밀을 지키기 위해 자신의 지식을 십분 활용했다.

외연기관과 내연기관

증기 기관은 외연기관에 속한다. 다시 말해, 외부에서 연료를 태운다는 말이다. 발생한 열이 증기를 만들어 피스톤을 움직이는 식이다. 내연기관 (1863년에 상용화)은 실린더 안에서 연료(보통 석유)를 연소하는 구조이므로 피스톤 운동의 효율성이 외연기관보다 높다. 내연기관을 개선하는 과정에서 자동차(자체 동력으로 주행하는 차량)에 적합한 장비가 탄생했다.

코난 도일은 1903년에 첫차를 샀다. 운전 성향은 다소 난폭한 편이었다. 이 무렵, 과학과 기술이 발달하면서 자동차의 신뢰성이 무척 좋아졌다. 먼저, 바퀴를 세 개에서 네 개로 늘려서 안정성을 크게 높였다. 그리고 엔진을 후방에서 전방으로 옮겨 제어 장치를 단순화했다. 조향 메커니즘을 포함한 여러 가지 중요한 발전 역시 빠질 수 없다.

자동차에 핸들이 있다는 사실이 무척 당연하게 느껴질지도 모르겠다. 하지만, 초기의 자동차 개발자들은 작은 보트를 조종하는 데 익숙했고 자연스럽게 조향 장치를 조종대의 형태로 만들었다. 핸들이 표준화된 시기는 1908~1910년이다. 당시에는 웜 구동

장치를 사용했는데 (오늘날은 래크 피니언 동력조향장치) 조향축 바닥의 웜(나사) 하나가 두 바퀴를 동시에 돌리는 웜 기어와 맞물리는 구조였다.

벨과 사이렌

초기 경찰차는 전자기로 작동하는 종을 사용했다. 전동기로 원판을 돌리는 기계식 사이렌이 등장한 시기는 그다음이다. 1960년부터 에어 사이렌을 조금씩 사용하다가 나중에는 신시사이저와 증폭기를 장착한 전자 사이렌으로 전부 교체했다.

엔진 출력이 올라가고 고성능 브레이크와 조명을 개발하면서 자동차는 경찰 업무에 없으면 안 되는 존재가 되었다. 신고 전화가 들어오면 순식간에 경찰을 현장에 보낼 수 있기 때문이다(이론상). 사이렌이나 종소리를 들으면 사람들이 길을 비켰고 차내 무선 전화(1928년에 처음 도입)로 다른 경찰관과 소통할 수 있었다.

모두 급격한 변화를 상징하는 첨단 기술이지만, 셜록 홈스는 여전히 핸섬 캡을 타고 전보를 보내는 시대에 살고 있었다.

7장

무기

총과 탄도학

총과 사격은 셜록 홈스 이야기의 단골 소재다. 범죄자를 잡으러 갈 때 홈스가 왓슨에게 '낡은 리볼버'를 챙기라고 말한 적이 아마 10번은 넘을 것이다. 왓슨이 사용하는 총의 종류를 추정하자면 다음과 같다. *(i)* 총신 6인치에 6발까지 장전할 수 있으며 .450아담스탄을 쓰는 후장총인 아담스리볼버나 *(ii)* .476엔필드 탄을 사용하는 마트2*(Mark II)*, 혹은 *(iii)* 총신 2.2인치에 .442웨블리탄이나 .450 아담스탄을 장착하는 더블 액션 리볼버로 보인다. 마지막 권총은 '브리티시 불도그'라는 이름으로 유명하며 원래 왕립 아일랜드 지구대용으로 개발했다.《얼룩 끈》에서 언급했듯이, 엘리*(Eley)*사의 2번 탄을 장착할 수 있다.

왓슨뿐 아니라 홈스도 가끔 권총을 휴대하며 신변의 위협을 받을 때 사용한다. 작은 통가인(『네 사람의 서명』)과 블러드하운드와 마스티프의 피가 섞인 거대한 개를 죽일 때도 권총을 썼다(『바스커빌 가의 개』).

홈스는 《머즈그레이브 전례문》(1893)에서 무척 기괴한 행동을 한 적이 있다. 특유의 '뒤틀린 유머 감각'이 발동한 탓에 안락의 자에 앉아 반대편 벽에 총을 쏘아서 '애국적인 V.R.'(빅토리아 여왕, *Victoria Regina*)을 새겨 넣었다. 집주인이 왜 기물파손을 일삼는 세입 자를 그냥 내버려 두었는지는 이해가 가지 않는 부분이다. 권총 은 헤어 트리거에다가 총알은 센터파이어에 복서형 뇌관이었으 니 벽은 물론이고 뒤쪽의 벽돌 뼈대까지 완전히 박살이 났을 텐 데 말이다!

사격 취미가 독특한 편이기는 해도, 사격 실력이 좋아 보이지는 않는다. 《네 사람의 서명》에서는 홈스와 왓슨이 동시에 통가인을

헤어 트리거

헤어 트리거는 미세한 압력만으로도 동작하는 방아쇠다(소총과 권총 모두 사용한다). 다시 말해, 빠르고 정확하게 총을 쏠 수 있다는 뜻이다(평범한 총은 방아쇠를 당기는 힘 때문에 좌우로 흔들리기도 한다). 하지만, 헤어 트리거는 무척 위험하다. 헤어 트리거 총을 장전한 채로 보관한다면, 떨어뜨리거나 상자 혹은 권총집에서 꺼내는 과정에서 오발 사고가 발생할 수 있다.

향해 총을 쏘았기 때문에 누구의 총알이 적중했는지는 알 수 없다.《바스커빌 가의 개》에서 홈스의 사격 솜씨가 잘 드러나는 대목이 있는데, 헨리 바스커빌 경의 목을 공격한 '짐승의 옆구리'에 리볼버를 다섯 번 쏘았다. 명사수라면 머리를 노려서 단 한 발로 빠르고 확실하게 일을 처리했을 것이다. (홈스를 변호하는 사람들은 헨리 경이 총에 맞을까 봐 일부러 개의 몸을 쏘았다고 주장한다. 또한, 홈스가 뛰어오느라 심하게 숨을 헐떡거리고 있어서 정확하게 조준할 수 없는 상황이었다는 의견도 있다. 218쪽 참고)

총기 소지법

영국은 1689년, 권리 장전을 통과시키면서 모두에게 무기를 소지할 권리를 주었다. 미국은 『수정헌법 제2조(1791)』에서 총기 소유의 자유를 보장했다. 1870년, 영국은 집 밖에서 총기를 휴대하려는 사람은 면허증을 취득하도록 제도를 정비했고, 1903년에는 면허 소지자만 권총을 소유할 수 있도록 했다. 홈스와 왓슨이 법을 준수했는지는 알 도리가 없다.

이후, 비슷한 법을 계속 제정하다가 2006년 강력범죄감축법안 *(Violent Crime Reduction Act of 2006)*을 발표하면서 모든 총과 총기 모형의 소유와 사용을 더욱 엄격하게 통제했다. 이제는 통가인을 죽이고도 별일 아니라는 듯이 넘어갈 수 없다는 말이다. 총으로 인한 살인 사건이 발생하면 담당 경찰은 사후검토책임자(PIM), 근방 경찰서의 규율관리부, 독립 기관인 경찰비리민원조사위원회의 조사를 받아야 한다.

법과학적 탄도학

법과학은 19세기 초부터 탄도학(발사체의 이동 경로를 연구하는 학문)을 이용하기 시작했다. 법과학에서 탄도학을 활용한 사례 중, 가장 오래된 문서는 1835년에 발생한 사건을 다루고 있다. 헨리 고다드(Henry Goddard, 1800~1883)는 이후 광역 경찰로 개편된 보우가의 주자(Bow Street Runners) 마지막 세대였다. 고다드는 사우샘프턴 총격 사건 당시 시체에서 회수한 총알을 주의 깊게 관찰하여 총알에 난 흠집이 날아가는 도중이 아닌, 제조 과정에서 발생했다는 사실을 알아낸다. 당시에는 대부분 사람이 각자 주형을 가지고 총알을 제조했기에 고다드는 주형의 주인이 총을 쏘았다고 주장했다. 계속 오리발을 내밀던 범인은 결국 자백한다.

화약

화약은 황과 숯 그리고 질산칼륨을 섞어 만든다. 화기의 추진제로 사용하면 우수한 성능을 기대할 수 있지만, 홈스 시리즈에서 보았듯이 사격할 때 검은 연기가 엄청나게 발생한다. 홈스가 10년 정도 있다가 탐정 생활을 시작했다면 총기가 연루된 사건을 해결하기가 더 어려웠을 것이다. 나이트로셀룰로스 무연 화약이 등장하면서 총을 쏘아도 흔적이 적게 남았기 때문이다.

　1860년, 신문에 신문과 관련된 한 사건이 실렸다. 살인 사건이 발생했는데, 현장에서 1854년 3월 24일 자 〈더 타임스(The Times)〉로 만든 와딩(총알에 화약을 밀봉하는 데 사용하는 종잇조각)을 발견했다. 유력한 용의자의 집을 수색한 결과, 이중 총열 권총 한 정을 찾았는데, 한 발만 장전되어 있었으며, 〈더 타임스(The Times)〉 조각도 나왔다. 경찰은 편집자를 찾아가 조각이 1854년 3월 24일 자 신문에서 나왔다는 사실을 밝혀냈다! 결정적인 단서로 사건을 해결한 사례다.

홈스와 법과학적 탄도학

홈스는 리볼버 사격 실력은 떨어질지 몰라도, 화기와 법과학 지식은 뛰어나다. 덕분에 한두 가지 사건을 멋지게 해결할 수 있었다. 가장 간단하게 해결한 사건이 《라이기트의 수수께끼》다. 용의자인 알렉 커닝엄(Alec Cunningham)은 윌리엄 커원(William Kirwan)이 다른 남자와 몸싸움을 벌이다가 총에 맞아 죽었다고 증언했다. 하지만, 홈스가 커원의 옷을 살폈을 때 근거리에서 총에 맞았다면 남아야 마땅할 화약 잔여물이 전혀 없었다. 따라서, 홈스는 커닝엄이 거짓말을 하고 있다는 결론을 내렸다. 이후, 커닝엄의 진술과 반대되는 증거를 더 찾으면서 결국 진짜 범인(들)을 체포한다.

《춤추는 사람》에서 홈스는 치밀한 법과학 관찰과 추리에 탄도학 지식을 곁들인다. 힐턴 큐빗(Hilton Cubitt)이 총에 맞아 사망하고 아내인 엘시(Elsie)는 얼굴을 다친 사건이다. 경찰은 엘시가 남편을 살해한 뒤, 자살을 시도했으나 실패했다고 주장했다. 총소리를 듣고 몰려온 하인은 화약 냄새를 맡았다고 증언했고 바닥에서 6발 중 4발이 남은 리볼버를 발견했다.

홈스는 시체의 몸에 화약이 나오지 않았으므로 큐빗은 멀리서 발사한 총에 맞아 죽었다는 결론을 내렸다. 엘시는 얼굴에 화약

자국이 있었으므로 총을 쏘았을 가능성이 있었다. 따라서 경찰의 이론은 타당해 보였다. 홈스는 고다드 사례를 염두에 둔 듯이, 엘시의 상처에서 총알을 꺼냈는지 물어본다. 의사는 총알을 제거하려면 '큰 수술'이 필요하다고 말했다.

현장의 리볼버는 탄환 두 개가 비었고 힐턴과 엘시는 탄환을 한 발씩 맞았으니 셈은 정확하다. 경찰의 추리가 사실이라는 뜻일까? 홈스의 날카로운 관찰력이 빛을 발하는 대목이다. 홈스는 '길고 가느다란 손가락'으로 아래쪽 창틀에 뚫린 총알구멍을 가리키며 '창틀에 총알 하나가 분명히 박혀 있는데 저것은 어떻게 설명할 생각입니까?'라고 물었다.

이는 제3의 인물이 있었다는 뜻이다. 그렇다면, 어떻게 현장을 벗어났을까? 홈스는 창문으로 달아났다고 주장했다. 집안 전체에서 화약 냄새가 났던 이유도 열린 창문으로 바람이 들어왔기 때문이었다. 창문을 연 시간은 잠깐이다. 방에 있던 촛불이 꺼지지 않았기 때문이다. 이제 홈스는 사건을 마무리하기 위해 암호학 지식을 짜내기 시작한다.

바람의 힘

《토르교 사건》(1922)는 홈스가 법과학적 탄도학을 얼마나 잘 이해하고 있는지 보여주는 사례다. 사건에 사용한 무기는 쌍권총 한 자루였는데, 나머지 한 자루는 행방을 알 수 없었다. 홈스는 추리학, 심리학, 물리학을 이용해 사건을 해결한다.

1. 홈스는 질문을 던져서 총에 맞기 전, 마리아 깁슨(*Maria Gibson*)의 정신 상태를 확인했다.

2. 사람들은 그레이스 던바(*Grace Dunbar*)를 유력한 용의자로 취급했다. 하지만, 홈스는 던바처럼 명석한 사람이 진범이라면, 증거물을 소홀하게 처리했을 리가 없다고 생각했다.

3. 홈스는 토르교 주변 이곳저곳을 측량하더니, 사건 현장에서 권총과 돌을 줄로 이은 다음, 돌을 난관 뒤로 넘겨서 일종의 도르래를 만들었다.

왓슨의 리볼버를 사용해 홈스의 가설대로 사건을 재연한 결과는? 놀랍게도 자살이었다.

왓슨의 리볼버가 공중으로 날아갔다는 대목에서《네 사람의 서명》에 등장하는 위험한 무기인 독침이 떠오른다. 통가인은 바람총으로 독침을 날려 보내서 바솔로뮤 숄토(*Bartholomew Sholto*)를 살해했다. 바람총은 숨을 힘차게 내쉬어서 가까운 목표물에 투사체를 쏘는 조잡한 무기다. 작은 포유류, 조류, 파충류를 사냥할 때 주로 사용하며 살상용으로는 거의 쓰지 않는다. 평범한 관처럼 생겼는데, 길이는 약 1미터 정도이며 작은 총알이나 화살을 쏜다.

홈스는 뛰어난 법과학 지식으로 바솔로뮤 숄토의 사인을 즉시 알아냈다. 오늘날의 형사도 그럴 수 있을지 궁금하다. 홈스는 '피부에 길고 어두운 가시처럼 생긴 물체'가 피해자의 귀 위쪽에 박혀 있다고 말했으며 왓슨은 미늘처럼 보인다고 말하면서 자세히 관찰한다. 홈스 역시 왓슨의 말에 동의하며 탄도학을 활용해 투사체가 날아온 방향을 정확하게 파악한다. 홈스는 왓슨에게 독침을 다룰 때 주의하라고 경고한다.

코난 도일은 좋은 아이디어가 있으면 충분히 사용하는 사람이다. 독침은《서식스의 흡혈귀》(1924)에서 다시 한번 등장한다. 질투심에 눈이 먼 15살 소년이 독침으로 자신의 이복동생을 공격한 사건이다.

《빈집의 모험》(1903)에 등장하는 공기총은 통가인의 바람총보다 사거리가 긴 탓에 훨씬 위험하다. 홈스는 탄도학 지식으로 다음과 같은 추리를 해낸다.

1. 로널드 어데어(Ronal Adair) 경은 문을 잠근 방에서 의자에 앉아 죽었다. 범인은 소리 없고 멀리서 사람을 죽일 수 있는 무기를 사용했다. 여기서 범인의 무기를 알아냈다.

2. 피해자가 리볼버에 쓰는 팽창탄을 맞고 즉사했다는 사실을 확인했다.

3. 어데어의 시신에서 찾은 탄환과 221B 베이커가에 있는 자신의 방 창가에 놓은 밀랍 인형이 맞은 탄환이 일치한다는 사실을 통해 경찰이 세바스티안 모런(Sebastian Moran) 대령을 로널드 어데어 살인죄로 기소하도록 도왔다.

《마자랭의 다이아몬드》(1921)에서도 밀랍 모형으로 공기총을 쏘는 암살자를 속이는 모습을 볼 수 있다. 코난 도일이 직접 쓴 몇 안 되는 셜록 홈스 연극인 『더 크라운 다이아몬드(The Crown Diamond)』의 원작이다. 1921년, 브리스톨에서 첫 선을 보였다.

공기총

공기총은 바람총을 기계화한 장비다. 압축 공기를 이용해 탄환을 총열로 밀어내는 원리인데, 탄환의 속도는 권총과 유사하다. 강력한 스프링을 조작해 밀폐 실린더 속의 피스톤을 움직여서 압축 공기를 만들거나 내부 혹은 외부 장치에서 이산화탄소와 같은 압축가스를 공급해 압력으로 탄환을 발사한다.

홈스 이후의 법과학적 탄도학

1913년 말 무렵에는 탄환마다 고유의 특징이 있다는 것 정도는 누구나 알고 있었다. 그러나, 1923년에 비교 현미경을 발명하기 전까지는 별 의미가 없는 사실이었다(124쪽 참고). 두 개의 탄환을 비교할 때 유심하게 보는 부분은 구경과 강선흔이다. 하지만, 비교 대상이 없으면 아무 의미가 없다. 다시 말해, 범행에 사용한 것으로 의심 가는 총기로 격발한 총알 중 상태가 온전한 것을 얻어야 했다는 뜻이다. 총을 물탱크에 쏘면 반드시는 아니더라도 가끔은 좋은 비교 대상을 확보할 수 있었다.

처음으로 비교 현미경의 효능을 입증한 사례는 악명 높은 밸런타인데이 학살 사건(1929)이다. 7명의 시카고 폭력배가 경찰로 위장한 경쟁 집단의 총에 죽었다. 탄환을 비교 감식한 결과, 범행에 사용한 총이 폭력배인 프레드 버크(Fred Burke)의 것이라는 사실이 밝혀졌다.

다른 무기

현대 법의학은 '예기 손상'이라고 하는 상처에 관한 풍부한 정보와 사례를 보유하고 있다. 예기 손상은 세 가지로 분류한다.

1. **자창**. 칼이나 스크루 드라이버처럼 끝이 뾰족한 물체에 찔린 상처. 보통 찌른 방향이 피부와 수직이며 부상이 깊다.
2. **절창**. 예리한 물체, 보통 칼과 같은 날붙이에 베인 상처다. 상처 길이가 깊이보다 길 때가 많다.
3. **할창**. 자창과 절창의 특징이 모두 나타난다. 도끼 같은 무기에 '찍힌' 상처다.

여기서 우리가 주목해야 할 부분은 상처를 자세히 살피면 무기의 종류와 크기를 알 수 있다는 점이다. 정밀 검사로 얻을 수 있는 다른 정보는 다음과 같다.

1. 상처 이외의 다른 흔적. 칼이 몸을 완전히 관통하면 칼자루가 피부에 부딪히면서 상처 주변에 멍이 남기도 하는데, 이를 통해 칼날의 길이를 알 수 있다.
2. 상처 모양이 불규칙하다면 깨진 병처럼 날이 들쭉날쭉한 물건이 흉기라는 뜻이다.
3. 가위(삼각형 모양 상처)나 스크류드라이버(끝의 형태에 따라 상처 모양이 달라진다), 빵칼과 같은 일부 물건은 쉽게 식별할 수 있는 독특한 상처를 남긴다.
4. 상처가 '방어' 과정에서 생겼는지. 손이나 팔에 생긴 열상은 방어흔으로 볼 수 있다.

홈스와 칼

홈스는 칼이 등장하는 사건에서 뛰어난 법과학 지식을 보여준다. 저자가 받은 의학 교육 덕분으로 보이는데, 홈스의 관찰 방식은 시대를 앞선 수준이다.《보스콤 계곡 사건》을 보자. 홈스는 '뒤에서 가한 공격'이 남긴 상처가 왼쪽에 있으므로 범인은 왼손잡이라고 말한다. 또한, 여송연의 절단면이 지저분하다는 점에서 담배를 피운 사람(범인)의 주머니칼이 잘 들지 않는다고 주장한다. 주머니칼이 무디고 여송연을 피우며 왼손잡이인 남자로 범인을 특정하면서 용의자 범위를 상당히 좁힐 수 있었다.

무딘 주머니칼이 두 번째로 등장하는 이야기는 《세 학생》(1904)이다. 범인이 연필을 깎는 도구로 사용했다. 같은 해에 출간한 《애비 그레인지 저택》은 주머니칼이 세 번째로 증거가 된 사건이다. 홈스는 같은 칼을 '다용도' 칼(다양한 칼날과 도구가 있는 칼인데, '스위스 아미 나이프'로도 부른다)이라고 부르며 '코르크 마개를 뽑을 때 세 차례나 스크루를 집어넣었다'는 점에서 해당 칼로 코르크 마개를 뺐다고 추측했다. 제대로 된 코르크 스크루를 썼다면 한 번에 마개를 뽑았을 것이라는 논리다.

《실버 블레이즈》로 넘어가자. 홈스는 죽은 훈련사 존 스트레이커의 허벅지에 예리하게 베인 상처를 남긴 도구를 관찰한다. 문제의 도구가 백내장 칼이라는 왓슨의 설명을 듣고 홈스는 '황야로 나가는 사람이 주머니에 넣을 수도 없는 칼을 챙겼다는 사실이 이상하다.'고 언급한다. 알다시피, 이후에는 스트레이커가 칼을 사악한 목적으로 이용하려 했다는 홈스의 추리가 펼쳐진다.

이번 장에서 마지막으로 살펴볼 작품인《블랙 피터》에서는 엄청난 자창을 볼 수 있다. 무시무시한 피터 케리*(Peter Carey)* 선장은 '딱정벌레 표본'처럼 나무 벽에 강철 작살로 꽂혀 살해당한다. 홈스는 '거대한 작살'을 단 한 번의 시도로 죽은 돼지에 박아 넣으려다가 실패하고서는 선장이 노련한 작살잡이의 손에 죽었다는 결론을 내린다.

8장

동물

개

개는 1만 5,000년 전 인간과 함께 살기 시작하면서 범죄 예방과 사건 해결에 큰 도움을 주었다. 충성심이 강하고 귀가 밝으며 성격이 용맹하여 사람과 재산을 지키는 파수꾼으로 제격이었다. 후각이 예민하다는 점을 덕분에 사람이나 마약, 무기, 탄약과 같은 비밀스러운 물건을 추적하는 용도로 활용했으며 지금까지도 활약하고 있다.

코난 도일과 마찬가지로, 홈스 역시 개를 키우지 않는다.《사자갈기》에 등장하는 사망한 피츠로이 맥퍼슨의(치정 관계 때문에 죽은 것처럼 보였지만, 실상은 달랐다. 207쪽 참고) 에어데일 테리어가 주인을 따라 죽었을 때 홈스는 개를 '아름답고 충직한 동물'로 묘사했다. 아마 작가의 생각도 비슷할 것이다. 그런데, 홈스가 작품에 등장하는 첫 번째 개를 (허드슨 부인의 죽을병을 앓던 테리어) 우리가 '동물 실험'이라고 부르는 행위에 사용했다는 사실은 약간 충격이다.《주홍색 연구》의 복잡한 줄거리 일부를 살펴보자. 제퍼슨 호프*(Jefferson Hope)*는 이녹 드레버*(Enoch J. Drebber)*에게 알약 두 개를 내밀며 하나를 먹도록 강요한다. 하나는 독약이고 하나는 무해하다. 홈스는 자신이 추리한 당시 상황이 맞는지 확인하기 위해 무해한 알약을 테리어에게 먹였다(헤드슨 부인이 왓슨에게 안락사를 부탁한 개). 테리어는 별 반응을 보이지 않았다. 그 뒤, 독약을 먹이는데 개가 즉사하면서 홈스의 이론이 증명된다.

개의 코

인간의 코에 있는 후각 수용체는 약 500만 개다. 하지만, 개는 2억 2,000만 개가 넘는다. 따라서 사람보다 후각이 40배 이상 뛰어나다. 또한, 개는 두 개의 콧구멍을 따로 제어하므로 냄새를 꽤 정확하게 추적할 수 있다.

《네 사람의 서명》에서 홈스는 갈색과 흰색이 섞인 토비*(Toby)*라는 개를 데려온다. '털이 긴 스패니얼과 러처 잡종인데 못생기고 귀가 늘어졌으며 우스꽝스럽게 뒤뚱거린다'라는 묘사가 있다. 이번에는 앞선 사례보다 무난하며 오늘날의 윤리와도 부합하는 수사 방식을 사용한다. 홈스는 '토비는 런던 경찰을 전부 합친 것보다 도움이 된다'라고 말하면서 토비의 안내를 받아 수 킬로미터에 걸쳐 크레오소트 냄새를 따라간다.《사라진 스리쿼터백》에서는 드래그하운드인 폼피(Pompey)가 비슷한 활약을 펼쳤다.

홈스도 오늘날의 경찰과 마찬가지로, 개가 단순하고 일관적으로 행동한다는 사실을 알고 있었다.《기어 다니는 남자》에서 충직한 울프하운드인 로이(Roy)가 주인인 프레스베리(Presbury) 교수를 공격한 일을 무척 의아하게 생각한 이유도 여기에 있다(225쪽 참고). 또한,《실버 블레이즈》에서 '한밤중에 개에게 일어난 의문의 사건'을 강조하는 대목에서도 홈스의 식견이 드러난다.

왓슨은 '개에게 아무 일도 없지 않았나.'라고 응수했다.

홈스는 그래서 의문스럽다고 말했다. 해가 진 뒤에 낯선 사람이 가까이 왔다면 개가 난리를 쳤을 텐데 아무 일도 없었다면 침입자는 개에게 익숙한 사람이라는 논리다.

1960년에는 스코틀랜드의 한 경찰견이 범죄 현장에서 냄새를 따라 범죄자의 집을 찾아냈으며 신발 냄새로 범죄자를 특정했다. 이 독특한 사례에서 스코틀랜드 고등 법원 판사는 피고의 항소를 기각했다. 70여 년 전에 홈스가 보여준 것처럼 판사 역시 개의 인지 능력을 100% 신뢰할 수 있다고 믿었기 때문이다. '개는 실수하지 않는다'는 홈스의 믿음은 《쇼스콤 관》에서 검은색 스패니얼로 속임수를 파훼하는 장면에서도 증명된다. 《기어 다니는 남자》에서 홈스는 '범죄 수사에서 개의 활용법'을 주제로 간단한 논문을 쓰고 싶다고 했는데, 실행에 옮겼다면 오늘날에도 여전히 찾는 사람이 있었을지도 모른다.

다른 동물

법과학은 요령 그리고 견문이 필요한 학문이다. 따라서 홈스가 개뿐만 아니라 다양한 동물에 관한 지식이 해박하다는 사실도 크게 놀랍지 않다. 《사자 갈기》에서 홈스는 자신이 '독특한 분야의 지식이 풍부한 편이다'라고 언급했다. 대신 머릿속이 '완전히 어질러진 방'과 같아서 '어디에 무엇이 있는지 정확히 모를 뿐'이며 머릿속 어딘가에서 '무엇인지는 몰라도 중요한 단서'가 희미하게 느껴진다고 말했다. 한 마디 덧붙이자면, 굉장히 정확한 표현이었다.

홈스는 개와 함께 말의 행동 양식 역시 잘 알고 있다. 사라진 경주마, 실버 블레이즈를 찾을 때도 말의 습성에 대한 지식이 사건 해결에 중요한 역할을 했다(『실버 블레이즈』).《주홍색 연구》에서는 마부가 없는 말이 어떤 식으로 돌아다니는지 꿰고 있던 덕분에 로리스톤 가든 3번지의 정원 안과 밖에서 일어난 일을 추리할 수 있었다. 다른 종 이야기로 넘어가자면, 몽구스가 조류를 먹이로 삼는다는 사실을 알고 있다는 점도 빼놓을 수 없다(『꼽추 사내』, 101쪽 참고).

《프라이어리 스쿨》에서 보여준 소의 걸음걸이에 대한 지식은 특별하다고 보기 어렵다. 하지만,《사자 갈기》에서 보여준 해양 생물에 대한 화려한 소양은 그렇지 않다. 피츠로이 맥퍼슨은 끔찍하게 죽기 직전, '사자 갈기'라는 의문투성이의 말을 외치고 숨을 거둔다. 홈스는 희생자의 마지막 말이 자신이 아는 무엇인가에 관한 내용이라는 사실을 깨닫고 조사에 착수한다. 결국, 무척 위험한 동물인 유령해파리(*Cyanea capillata*)의 보통명이 사자 갈기라는 사실을 극적으로 기억해내면서 맥퍼슨(그리고 반려견)의 죽음에 얽힌 수수께끼를 풀어낼 수 있었다.

두 개의 이야기에서는 홈스의 동물에 관한 지식이 틀릴 때도 있다는 사실을 알 수 있다.《베일 쓴 하숙인》(1927)에서 홈스는 사자가 자신에게 먹이를 주던 부부를 공격했다는 점을 의아해하는 것처럼 보인다. '공연 때 우리 안에서 함께 곡예를 할 정도로 친했던 부부를 왜 갑자기 공격했을까?'라고 묻는 대목이다. 슬프지만, 답은 간단하다. 독일 북쪽에 있는 호덴하겐의 세렝게티 동물원에서 매일 사자에게 먹이를 주던 노련한 사육사가 죽은 사건에서도 알 수 있는 부분이다. 2019년 5월, 사자 두 마리가 알 수 없는 이유로 자신의 '친구'를 잔인하게 난도질했다. 《베일 쓴 하숙인》의 결말 부분에서는 문제의 사자인 사하라 킹(Sahara King)이 사육사를 죽인 것이 아니라는 사실이 드러나기는 했다. 물론, 다른 사람이 뛰어들지 않았다면 죽였을 것이다. 사자는 맹수이며, 예측할 수 없다. 홈스는 이 점을 간과하는 듯하다.

《얼룩 끈》에 등장하는 '인디언 스왐프 애더'는 허구의 동물이다. 홈스(혹은 왓슨)의 대변자들은 실제로는 퍼프 애더였을 것이라고 주장한다. 문제의 동물이 퍼프 애더가 맞다고 하더라도, 여전히 설명할 수 없는 부분이 있다. 뱀은 공기 중의 소리를 듣지 못하므로 이야기에 등장하는 '스왐프 애더'처럼 호루라기에 반응하지 않는다. 또한, 호루라기 소리를 들으면 옆방으로 들어가 사람을 찾아 문 다음, 다시 줄을 타고 돌아오도록 훈련할 수 없다!

모두 크게 중요한 부분인가? 그렇지 않다. 코난 도일이 가장 중요하게 생각한 것은 독자의 즐거움이다. 홈스의 과학이 많은 독자에게 그럴듯하게 들린다면, 100% 정확한 사실만을 다룰 필요는 없다.

9장

의학, 건강, 독

의학

"의사가 나쁜 마음을 품으면, 최악의 범죄자가 될 수 있네."《얼룩 끈》에서 홈스가 그림스비 로이로트(*Grimesby Roylott*)의 교활한 범행을 폭로한 다음 한 말이다. 그리고 윌리엄 파머(*William Palmer, 1824~1856*) 박사를 예로 든다. '독의 왕자'라는 별명으로 유명하며 자식 네 명 과 친구 한 명을 포함해 여러 사람을 독살한 혐의로 교수대에 매 달린 인물이다.

홈스의 말이 사실이라면, 반대도 역시 성립한다. 의사가 정의의 편에 선다면, 최고의 수사관이 될 수 있다. 홈스는 의사 면허가 없 지만, 코난 도일은 훈련과 경험에서 얻은 훌륭한 의학 지식을 홈 스에게 전수했다. 그리고 진짜 의사인 '친구 왓슨' 역시 늘 곁을 지 키면서 도움을 주었다.

당연한 사실이지만, 셜록 홈스 정전에서는 다양한 의학 용어를 찾을 수 있다. J. D. 키(*Key*)와 A. E. 로댕(*Rodin*)이 정리한 바에 따르 면, 68개의 질병, 32개의 의학 용어, 38명의 의사, 22개의 약, 12개의 의학 전공, 6개의 병원, 3개의 의학 학술지, 2개의 의과대학교 (제임스 리드(James Reed)의 자료, 참고문헌 참조)가 등장한다. 재미있게 도, 법과학이나 법의학의 언급은 없으며 '부검'이라는 단어도 등 장하지 않는다.

검시

검시 혹은 부검이란 시신을 살피는 행위를 말한다. 보통 사인을 확실히 알기 위해 하는 경우가 많다. 세 단계로 나누어 진행한다. (1) 먼저 외부 검사를 한다. 상처와 같은 흔적을 확인하는 과정이다. (2) 다음은 내부 검사다. 어깨부터 치골까지 절개하여 개복한다. (3) 그 뒤, 장기와 조직을 빼내어 더 정밀하게 살피는데, 보통 화학 검사와 현미경 검사를 동반한다.

혼자 일하는 것을 좋아하는 성격상 홈스는 사건을 조사할 때 다른 사람에게 도움을 구하지 않았다. 다행히, 홈스가 활동한 시기는 영국에서 법의학과 병리학을 제도화하기 전이었다. 1905년, 런던 시의회는 시내의 종합 병원마다 두 명의 법의학 전공의를 두어 부검을 하도록 했다. 법의학은 또 다른 악의 편에 선 의사인 홀리 하비 크리펜(Hawley Harvey Crippen)이 유죄 판결을 받는 데 기여하면서 처음으로 가치를 증명한다(151쪽 참고).

의학 교육

~~~❦~~~

  이미 앞에서 코난 도일의 의학 지식과 의료 경험이 어떤 식으로 홈스의 수사에 녹아 있는지 다룬 바 있다(43쪽 참고). 하지만, 이 부분은 더 자세히 살펴볼 가치가 충분하다. 이유는 다음과 같다. 첫째, 홈스가 자신의 수사 방법을 설명하는 대목이 여러 차례 나오는데, 여기서 작가가 어떤 교육을 받았는지 알 수 있다. 홈스는 '증거를 충분히 확보하기 전에 가설을 세운다면 엄청난 실수를 하는 셈이다'라고 말했다(『주홍색 연구』). 현대 수련의가 읽는 책에서도 쉽게 찾을 수 있는 말이다.

  둘째, 사건을 조사할 때 홈스는 '열린' 질문과 '닫힌' 질문을 활용해 정보를 얻는데, 의사가 환자를 문진하는 방식과 몹시 유사하다. 《얼룩 끈》에서 홈스는 먼저 헬렌 스토너에게 '정황을 아는 데 도움이 될만한 모든 사실을 말해주세요.'라고 열린 질문을 던진다. 그다음은 닫힌 질문이다. '밤에는 원래 문을 잠그고 주무십니까?'이나 '언니는 외출복을 입고 있었나요?'라고 묻는 식이다.

  의학과 추리는 어느 정도 비슷한 면이 있지만, 분명히 다른 부분도 존재한다. 작중에서 홈스는 언제나 분명한 단서를 찾아 사건을 깔끔하게 해결한다. 하지만, 실제로 의사가 명쾌하게 진단을 내리는 일은 드물다. 때로는 답을 내릴 수 없는 상황도 존재한다.

홈스의 건강 상태

신체 건강

오늘날의 독자 대부분은 《네 사람의 서명》 시작부에서 홈스가 코카인을 맞기 위해 소매를 걷는 대목을 보고 충격을 받는다. '홈스의 근육질 팔뚝과 손목은 온통 바늘 자국투성이였다'라는 묘사가 있다. 왓슨은 '홈스가 하루에 세 번씩 몇 달째' 마약을 투여하고 있다고 언급한다.

왓슨이 홈스의 마약 사랑을 반대하는 이유는 놀라울 정도로 현대적이다. 이유는 세 가지로 나뉜다.

1. 마약을 하면 몸이 '걷잡을 수 없을 정도로 병든다…. 영구적인 손상을 유발할 수 있다.'
2. 마약은 '엄청난 부작용'을 불러온다.
3. '잠깐의 쾌락'을 좇다가 뇌에 영구적인 피해가 남거나 홈스

9장 의학, 건강, 독

가 타고난 힘인 '위대한 추리력'을 잃을지도 모른다.

현대 과학에서는 위의 부작용에 더해 중독, 감각 둔화, 감염, 고혈압, 경련, 불안, 알레르기 반응, 뇌졸중, 발작, 파킨슨병과 같은 위험에 노출된다고 밝혔다. 코카인 중독으로 인한 사망자는 매년 증가하는 추세다.

코카인

코카인은 남미의 코카나무에서 얻는 알칼로이드다. 진주색으로 빛나는 흥분제로, 도파민 수송단백질의 기능을 막는 식으로 중추신경계에 영향을 미친다. 1860년대에 처음 정제에 성공했다. 코난 도일은 홈스가 코카인을 신경안정제로 사용했다고 변명했다. 홈스의 사례와 마찬가지로, 코카인은 반드시 중독된다.

홈스와 왓슨은 둘 다 애연가다. 요즘 사람들은 형사에게 담배(코담배라도)는 마약만큼 해롭다고 생각한다. 둘은 독한 블랙 샤그를 가득 채운 파이프를 피울 때도 있고 여송연을 입에 물기도 한다. 여건이 된다면 줄담배도 마다하지 않는다(『금테 코안경』 참조).

흡연의 유해성은 17세기에 처음 세상에 알려졌으나, (스코틀랜드에서는 제임스 6세(*King James VI*), 잉글랜드에서는 제임스 1세(*James I*)로 부르는 왕 역시 담배를 싫어했다 담배가 다양한 질병의 원인이라는 증거가 나타난 시기는 홈스의 시대로 넘어간 뒤였다. 당시에도 담배가 운동 능력을 크게 저하한다는 말이 있었는데, 홈스와 왓슨은 (대부분 남성 또한) 아마 전혀 개의치 않았을 것이다.

홈스의 생활 습관을 (담배를 엄청나게 피우고 오랜 휴식기 동안 단 한 번도 운동하지 않는) 고려할 때,《바스커빌 가의 개》에서 홈스가 사냥개를 따라가는 속도는 현실성이 없는 수준이다. 왓슨은 자신이 꽤 빠른 편이라고 생각하는데, 홈스는 왓슨보다 1미터 이상 앞서 뛰었다. 왓슨은 감탄하면서 언급했다. '홈스는 그날 밤, 내가 살면서 본 사람 중 가장 빠르게 뛰었다.' 게다가, 홈스는 질주를 마친 뒤에 증기 기관차처럼 헐떡거리는 대신 차분하게 개의 몸에 다섯 발의 총알을 박아넣었다(187쪽 참고).

멋진 이야기지만, 생리학의 관점에서 봤을 때 현실성은 없다.

정신 건강

홈스의 복잡하고 특이한 성격을 설명하려는 현대 논평가 일부는 양극성 장애 가능성을 제시한다. 반면, 전형적인 자폐증이라고 생각하는 사람도 있는데, 특정 분야에 대한 높은 성취가 특징인 아스퍼거 증후군을 의심한다. 드물기는 해도, 양극성 장애와 아스퍼거 증후군의 공통 증상도 가끔 볼 수 있다. 사례를 살펴보자.

《주홍색 연구》에서 왓슨은 '홈스가 흥미로운 일을 찾으면 그 열정은 아무도 막을 수 없었다.'라고 묘사했다. 하지만, 항상 그렇다는 말은 아니다. '며칠을 거실 소파에 누워 입을 닫아걸고 손가락 하나 까딱하지 않을 때도 있었다.'라는 대목에서 알 수 있는 부분이다. 또한,《네 사람의 서명》에서 왓슨은 홈스가 '밝고 생기가 넘치며 명랑하다'가도 '최악의 우울증'이 도진다고 말했다.《라이기트의 수수께끼》의 시작부에는 '모든 유럽인이 홈스에게 열광했고 홈스의 방은 축전이 가득 쌓여서 발목이 빠질 정도였다.'라고 묘사했다. 왓슨은 홈스의 상태를 '심각한 우울증'이라고 표현했다.

이는 전형적인 조울증 증상이다. 오늘날에는 양극성 장애라는 이름으로 더 유명하다. 기분이 좋아졌다가 나빠지는 일을 반복하는데 가끔은 변화가 아주 빠를 때도 있다.

자폐증의 범위는 무척 넓다. 사람마다 증상이 무척 다양한데, 대인 관계 기술 부족, 불규칙한 행동 양식, 강박적인 집착과 반복 행동 따위가 있다. 최근 연구에서는 양극성 장애와 자폐증이 동시에 나타날 수 있다는 사실이 밝혀졌다. 또한, 자폐증을 앓는 사람은 건강한 사람보다 양극성 장애 증상을 보일 가능성이 크다.

홈스가 자폐증이라면 아스퍼거 증후군의 끝자락이라고 볼 수 있다. 아스퍼거 증후군은 사회생활이 어려우며 (홈스는 친구가 거의 없고 혼자 활동한다. 학교생활도 다른 사람과는 달랐다. 25쪽 참고) 비언어적 의사소통을 꺼린다는 특징이 있다(홈스는 다른 사람과 친해지려는 생각이 아예 없는 것처럼 보였으며 특히 여자는 '믿지도, 좋아하지도' 않았다). 또한 반복적인 행동 양식을 보이기도 한다. (홈스는 다른 사람이라면 하찮게 여길 법한 세세한 분야에 관한 연구를 자주 자랑한다. 예를 들면, 담뱃재나 라수스의 모테트 따위가 있다) 코난 도일은 양극성 장애와 70년 동안 이름도 붙이지 못한 질병을 앓는 주인공을 창조했을까?

아스퍼거 증후군

오스트리아의 한스(요한) 아스페르거(*Hans Asperger, 1906~1980*)는 소아 정신병이 전문인 소아청소년과 의사로, 친나치 행위로 논란의 여지가 많은 인물이다. 1944년에 매우 세부적인 주제에 집착하며 인간관계에 문제가 있는 네 명의 고 지능 소년의 행동을 기술하는 논문을 한 편 썼다. 시간이 꽤 지난 뒤, 해당 질병은 발견자의 이름을 따라 아스퍼거 증후군이라고 불리게 되었다.

질병과 진단

셜록 홈스 이야기에 등장하는 질병을 논할 때는 반드시《빈사의 탐정》이야기부터 시작하는 것이 인지상정이다. 사악한 살인마, 컬버턴 스미스(*Culverton Smith*)를 함정에 빠뜨리기 위해 홈스는 스미스가 보낸 상자의 가시에 찔려 위험한 질병에 걸린 것처럼 연기한다. 홈스는 왓슨에게 '타파눌리 열병' 혹은 '대만 흑사병'이라는 수마트라의 위험한 풍토병에 걸렸다고 설명하고 왓슨은 처음 듣는 병명이라고 대답했다. 홈스는 환자 흉내를 훌륭하게 해내는데, 식욕 부진, 기어들어 가는 목소리, 무기력, 발열, 입술 벗겨짐 등이 증상인 듯하다.

전문가들은 왓슨과 마찬가지로 '타파눌리 열병'이 진짜 코난 도일이 꾸며낸 병인지 의문을 품었다. 지금까지 연구한 결과에 따르면, 타파눌리 열병은 실제로 존재하며 진짜 이름은 유비저다. 이야기를 읽지 않은 사람을 위해 말하자면, 홈스가 명품 연기를 펼친 덕분에 어깨에 힘이 잔뜩 들어간 스미스가 제 발로 탐정의 머리맡을 찾아왔다. 물론, 스미스는 그 자리에서 체포된다. 홈스는 즉시 아픈 사람 연기를 그만두고 담배와 성냥을 달라고 부탁하면서 진짜 환자의 길에 한 걸음 다가선다.

복부대동맥류

제퍼슨 호프의 복부대동맥류는 몸에 손만 대도 느낄 수 있을 정도로 강한 두근거림을 동반했는데, 이런 사례는 흔하지 않다. 심장에서 몸의 아래쪽으로 이어지는 혈관이 붓는 증상이 가장 알아차리기 쉬운데, 드물기는 해도 배에 박동하는 덩어리가 나타날 수 있다. 많은 나라에서 65세 이상의 남성은 예방을 위해 미리 복부대동맥류 검사를 받도록 권고한다.

홈스 이야기의 의학 사실이 정확하다는 점은 몇 가지 예시에서 살펴볼 수 있다. '코와 뺨의 붉은 기운과 손의 미세한 떨림'(『블루 카번클』)을 통해 홈스는 상대가 알코올 중독이라는 사실을 확신하고 왓슨은 제퍼슨 호프의 심장이 '미친 듯이 두근거린다'는 이유로 그 자리에서 복부대동맥류를 진단한다(『주홍색 연구』).《장기 입원 환자》에서 강직증 환자에게 아질산아밀(*Amyl Nirtite*)을 투여하는 부분 역시 사실과 일치한다. 물론, 꾀병이기는 했지만 말이다.

공상과학소설

홈스의 법의학 역시 다른 법과학 지식과 마찬가지로 전부 정확하지는 않다. 코난 도일은 가끔 극적 효과를 위해 과학을 무시할 때가 있다. 예를 들어 살펴보자.《주홍색 연구》의 시작부에서 왓슨은 홈스의 해부학 지식이 '정확하지만, 체계는 없다'고 언급했다. '정확하다'라는 형용사를 기억해두자.《네 사람의 서명》에서 홈스는 '인도인은 발이 길고 좁다'라고 일반화했는데, 해부학 지식이 정확한 사람이 할 만한 말은 아니다. 또한, '회교도는 샌들을 신어서 엄지발가락과 다른 발가락 간격이 넓다. 이유는 신발의 가죽끈이 엄지발가락과 검지 발가락 사이를 지나기 때문이다'라고 언급했다.

홈스는 유능한 해부학자로 '직업이 손의 형태에 미치는 영향(The Influence of Trade Upon the Form of the Hand)'이라는 논문까지 쓴 사람이다(『네 사람의 서명』). 사람의 귀를 상당히 독창적인 방식으로 관찰한 사례도 있다(54쪽 참고).

셜록 홈스 정전에서 묘사하는 클로로폼(트라이클로로메테인, CHCl3)의 사용법과 효과도 부정확하다. 셜록 홈스 시리즈가 날개 돋친 듯 팔린 덕분에 코난 도일은 클로로폼에 대한 잘못된 지식을 전

세계에 퍼트리고 말았다.

정확한 정보는 다음과 같다. 클로로폼은 밀도가 높고 색이 없는 액체다. 19세기 중순부터 1960년대까지 마취제로 사용했다. 발암 물질이라는 사실이 드러난 뒤로는 마취제 대신 접착제로 이용하고 있다. 흡입하여 (자발적이든 아니든) 의식을 잃으려면, 5초가 아니라 5분 정도는 필요하다! 지나치게 오래 혹은 많이 흡입하면 폐가 마비되면서 목숨을 잃는다.

《프랜시스 카팍스 여사의 실종》의 결말 부에는 홈스가 불운한 상속녀가 겪은 일을 밝히는 대목이 있다. 홈스는 악당이 '피해자가 강제로 클로로폼을 흡입하게 만들어 제압했다'라고 설명한다. 약의 효과가 거의 순식간에 나타났다는 뜻인데, 이는 사실과 다르

클로로폼과 출산

1847년, 제임스 영 심프슨(*James Young Simpson, 1811~1870*) 경과 두 명의 조수는 숱한 시행착오 끝에 클로로폼의 마취 효과를 발견했다. 세 명은 클로로폼을 흡입하고 다음 날 아침까지 잠에서 깨어나지 못했다. 이후, 클로로폼은 출산용 진통제로 이름을 날렸고 1853년에는 빅토리아 여왕이 아이를 낳을 때 사용했다. 심프슨은 처음으로 클로로폼 마취제를 흡입한 산모가 낳은 아기에게 '아나스타샤(*Anaesthesia*, 마취제)'라는 별명을 붙여주었다.

다. 여성이 클로로폼을 '마구 부은' 관에서 몇 시간 동안 생존했다는 부분 역시 현실성이 없다. 또한, 에테르를 주사하는 행동은 회복에 별 도움을 주지 않는다.

《세 박공 집》과《마지막 인사》에서도 클로로폼의 효과를 사실과 다르게 묘사한다. 하지만, 세 이야기 모두 작가가 의학 공부를 그만두고 정밀했던 과학 지식이 무뎌진 시기에 쓴 후기 작품이라는 점을 고려해야 한다. 엄격하게 비판하면 안 되는 이유는 더 있다. 코난 도일의 작품이 세상에 나오기 전후로도 클로로폼을 잘못 묘사한 사례가 존재하기 때문이다. 2016년에 좋은 평가를 받은 영화인 〈23 아이덴티티〉에는 세 명의 여자가 클로로폼 스프레이 때문에 기절하는 장면이 있다.

《기어 다니는 남자》는 재미있는 소설이지만, 등장하는 과학은 완전히 엉터리다. 실제로 돌팔이 박사가 개발한 원숭이 혈청을 맞았다면 목숨을 부지하기 힘들며 '치료'로 인해 수명이 늘어나는 일 역시 없다. 또한, 잘못된 선택을 한 프레스베리(Presbury) 교수처럼 원숭이와 유사한 행동을 하지도 않는다.

독

왓슨은 홈스와 잠깐 생활한 다음, 홈스의 식물학 수준은 '주제에 따라 다르다'라고 평가하면서 독에 대한 지식은 풍부하다고 언급했다(『주홍색 연구』). 특히 벨라도나와 아편에 해박하다고 설명한 바 있다. 지금까지 보았듯이, 벨라도나는 홈스가 변장할 때 단 한 번 등장하며(79쪽 참고), 아편은 여러 이야기에서 언급된다.

왓슨이 홈스가 독에 '능통하다'라고 말한 이유는 작가 역시 독에 해박하며 특히 자연의 독을 훤히 꿰고 있기 때문이다. 코난 도일은 에든버러 왕립 식물원에서 수십 시간에 걸쳐 교육을 받으며, 사람의 건강에 영향을 미치는 다양한 식물을 공부했다.

먼 옛날부터 독과 독살범은 소설과 현실을 가리지 않고 인간 사회에서 껄끄러운 존재였다. 고대 샤먼의 힘, 클레오파트라(*Cleopatra*)의 자살, 로미오(*Romeo*)의 비극, 나치당의 수장 헤르만 괴링(*Hermann Göring*)의 죽음은 모두 독과 관련이 있다. 최근 사례로는 1979년에 발생한 가이아나의 존스타운 집단 자살 사건을 예로 들 수 있겠다.

소프트 드러그, 청산가리, 해파리

소위 '소프트 드러그'에 속하는 마약은 1920년에 유해약물법 *(Dangerous Drugs Act)*을 제정하기 전까지 불법이 아니었다. 이전에는 왓슨 박사처럼 현명한 사람만 위험성을 알았으며 독과 코카인 (1916부터)만 규제했다. 홈스가 코카인을 상습적으로 주사했으며 《입술이 비뚤어진 남자》에서 아이사 휘트니*(Isa Whitney)*나 네빌 세인트 클레어*(Neville St Clair)*와 같은 불행한 사람들이 아편굴 주변에 모여 있었던 이유도 여기에 있다.

아편(헤로인도 마찬가지)의 중독성과 사용자에게 미치는 영향에 대한 왓슨의 설명은 모두 사실이다. 아이사 휘트니는 '나쁜 습관이 다 그렇듯, 아편은 피우기는 쉬워도 끊기는 어렵다.'라는 말을 증명하며 '약의 노예'가 된다. 그 결과, '친구와 친척에게 공포와 동정'을 받고 있으며 '한때 고귀했던 남자는 누렇고 생기 없는 얼굴, 축 늘어진 눈꺼풀, 마약 때문에 좁아진 동공을 한 폐인으로 전락했다'.

《등나무 집》과 《실버 블레이즈》에서는 아편으로 사람을 인사불성으로 만들었다. 전문가에 따르면, 실제로도 가능하며, '독특한' 맛이 나므로 이야기처럼 가루를 카레에 섞어 먹여서 사람을 재우는 일 역시 현실성이 있다고 한다.

셜록 홈스 정전에서 청산가리에 관한 언급은 딱 한 번 나온다. 홈스는 청산이라고 부른다. 끔찍한 상처를 입은 유지니아 론더 *(Eugenia Ronder)*는 이제 필요가 없다는 편지와 함께 '독약이라는 뜻의 붉은색 라벨'이 붙은 '작은 파란색 병'을 홈스에게 보냈다. 홈스는 '향긋한 아몬드 냄새'를 통해 내용물을 바로 알아본다.《은퇴한 물감 제조업자》(1926)에서 홈스는 조사이아 앰벌리*(Josiah Amberley)*가 청산가리 알약으로 자살하지 못하게 막았다.

《사자 갈기》라는 유언에서 독의 정체를 알아내는 데는 시간이 조금 걸렸으나, 결국은 찾아냈다. 코난 도일이 몰랐을 수도 있고, 이야기의 흥미를 높이기 위해 무시했을지도 모르는 점이 하나 있

아편의 효과

단기적으로 아편을 피우거나 주사하거나 섭취하면 쾌락, 이완, 진통과 같은 증상이 나타난다. 진통제로 아편을 사용하는 이유도 여기에 있다(보통 모르핀의 형태로 투여한다). 하지만, 장기적으로 사용하면 증상이 완전히 달라진다. 우울증, 변비, 내장(심장, 간, 뇌 등) 손상, 성욕과 생식 기능 상실, 약물 의존 등의 결과로 이어지기 때문이다.

는데, 문제의 거대한 해파리는 사람의 목숨을 위협할 만큼 독이 강하지 않다. 하지만, 코난 도일은 정확한 사실 전달보다는 좋은 소설을 쓰는 것을 우선으로 했다.

질식과 독침

자동차 배기가스 흡입은 세계에서 가장 흔하게 사용하는 자살 방식이다. 호주에서 자살하는 사람이 두 번째로 많이 선택하는 방법이 배기가스 흡입이다. 배기가스를 마시면 죽는 이유는 폐에서 나온 피가 산소를 운반하지 못하기 때문인데, 배기가스의 일산화탄소가 산소화헤모글로빈 생성을 차단하고 혈액의 헤모글로빈을 일산화탄소헤모글로빈으로 만들면서 벌어지는 일이다.

일산화탄소 중독은 《그리스어 통역관》에 등장하는 폴 크라티데스(Paul Kratides)의 사인이며 《은퇴한 물감 제조업자》의 레이 어니스트(Ray Ernest)와 앰벌리(Amberley) 부인의 사망 원인이다. 두 연인은 일산화탄소 함량이 높기로 유명한 석탄 가스에 질식사한다. 당시 영국의 시대 상황과도 일치하는 부분이 있다. 영국은 천연가스로 바꾸기 전까지 석탄 가스를 썼는데, 1955년 한 해만 해도 석탄 가스 중독으로 거의 900명이 죽었다. 불행히도, 홈스는 모든 사고가 정말 우연히 발생한 일인지 조사할 수 없었다.

《네 사람의 서명》과《서식스의 뱀파이어》(193쪽)에 등장한 독침은 이미 앞에서 다루었다. 정확히 어떤 성분의 독일까? 소설에서 묘사한 만큼 위험한 독이 실제로 존재할 수 있을까? 왓슨은 '식물성 알칼로이드…. 파상풍(근육 경련)을 유발하는 스트리크닌 같은 물질'이라고 추측하는데(정확하다) 정확하게 밝히지는 못한다.

통가인이 독침에 어떤 독을 발랐는지는 알 도리가 없다. 남미의 우아오라니족은 바람총으로 유명하다. 뱀독을 포함한 여러 가지 재료를 섞어 만든 독성 물질(보통 쿠라레로 통용한다)을 바른 독침을 쏜다. 독이 포유류의 혈류에 들어가면 골격근이 약해지면서 숨이

암살의 독침

제1차 세계 대전 당시, 절박해진 반전주의자들은 데이비드 로이드 조지(*David Lloyd George*) 총리와 아서 헨더슨(*Arthur Henderson*) 재무장관을 암살하여 길고 긴 피의 전쟁을 종식하려는 계획을 세웠다. 선택한 무기는 독침을 날리는 공기총이었다. 허무맹랑한 계획은 실패로 돌아갔지만, 셜로키언이라면 꽤 흥미로운 이야기일 것이다!

끊어진다. 하지만,《네 사람의 서명》에서 홈스와 왓슨은 독침에 맞아 사망한 피해자를 보고 '몸이 나무판자처럼 딱딱하다…. 평범한 사후 경직보다 근육이 훨씬 심하게 수축했다'라고 말했다. 쿠라레처럼 많이 쓰는 바람총 독화살에 죽은 것이 아니라는 뜻이다. 추측해보자면, 식물에서 채취하는 독인 스트로판틴(와베인이라고 부르는데, 아프리카에서 독화살에 바른다)과 피크로톡신 정도가 가능성이 있다. 둘 다 경련을 유발하며 상황에 따라 심정지를 일으켜 목숨을 앗아가기도 한다.

쿠라레

쿠라레는 중남미의 식물에서 추출한 알칼로이드다. 현지 사냥꾼은 침에 바르는 독의 핵심 재료로 사용한다. 쿠라레 독침에 맞은 동물은 보통 20분 안에 죽는다. 예전에는 수술용 근이완제로 사용했지만, 오늘날에는 합성 약을 투여한다.

해파리 촉수를 비롯한 여러 물체에 대한 코난 도일의 묘사가 언제나 정확하지는 않았다. 특히, 나중에 발표한 이야기일수록 틀린 부분이 많았다.《악마의 발》도 마찬가지다. 여기서는 '악마의 발'

을 태워서 연기를 맡으면 '공포를 관장하는 뇌 부위'가 자극을 받으며 결국 '미치거나 죽음'에 이른다는 설명이 등장한다. 홈스는 악마의 발을 아느냐는 물음에 전혀 모른다고 대답했다. 모를 수밖에 없는 것이, 유럽에서 단 하나 있는 악마의 발 표본은 부다페스트의 연구실에 있었기 때문이다. 좀 더 정확하게 말하자면, 아서 코난 도일의 상상 속에만 존재한다.

심리학

1장에서 홈스는 '심리학'이라는 단어를 단 한 번도 언급한 적이 없으며 유럽과 미국에서 대두한 신흥 학문인 심리학에 관하여 아무 의견도 내지 않았다고 설명했다. 하지만, '셜록 홈스'라는 이름은 과거부터 지금까지 법심리학, 특히 논란의 여지가 있는 분야인 프로파일링에서 무척 중요한 의미가 있다. 존 E. 더글러스(1945년 출생)는 프로파일링의 선구자로 이름을 날린 FBI 요원인데, 셜록 홈스와 비교하는 것은 자신에게 큰 영광이라고 밝혔다.

기록상 가장 오래된 심리 프로파일링 사례는 1890년이다. 토마스 본드(Thomas Bond, 1841~1901) 박사가 런던 경찰국에서 잭 더 리퍼(29쪽 참고)를 프로파일링했다. 보고서는 상당히 흥미진진하다. 살인범은 힘이 좋고 침착하고 대담한 남자이며 '살인과 성에 대한 욕구에 굶주려 주기적인 범행을 저질렀다'라는 부분까지는 당연한 사실이다. 하지만, 뒤로 갈수록 결론이 주관적이다. 본드는 살인자가 '성욕이 들끓는, 다시 말해 '색정광'이라고 부를 법한 상태'이거나 '복수심 혹은 음울함 또는…. 종교에 대한 광적인 믿음에 침식된' 사람이라고 추측했다. 또한, '조용하고 겉으로는 위험해 보이지 않는 중년 남성이며 옷차림은 깔끔하고 점잖다'고 밝혔다. '망토나 외투'를 즐겨 입으며 '습관상 혼자 지내며 성격은 괴팍하고' 실업 상태지만 '약간의 수입이나 연금으로' 생활하는 사람으로 용의자를 좁혔다.

　오늘날의 프로파일러도 본드처럼 과감하게 범인을 예측하지는 않는다. 본드가 피로를 해소하려면 사냥을 자주 나가고 적포도주와 샴페인을 이틀에 한 번 마셔야 한다고 주장했다는 사실을 고려하면 합리적인 의심이 생길 수밖에 없다. 아편을 상습 복용하던 본드는 침실 창문에서 뛰어내려 자살로 생을 마감했다.

　홈스의 프로파일링 사례는 너무 많아서 콕 집어서 언급하기 어렵다. 사람을 만날 때마다 상대를 분석하는데 왓슨은 물론이고 《노란 얼굴》에서 실수로 파이프를 두고 간 남자까지 관찰하는 모습을 볼 수 있다.

　홈스의 접근법은 '바텀업'이라고 부르는 방식으로, 외모, 말투,

행동을 세세하게 관찰해서 모은 정보로 사람을 파악하는 원리다. 홈스가 하는 일이 다 그렇듯, 프로파일링 역시 상당히 놀라운 수준인데, 우리 역시 누군가를 처음 만날 때 상대를 무의식적으로 추리하는 경향이 있으므로 꽤 흥미롭게 느껴진다. 작은 정보를 모아 상대가 누구인지 알아내는 바텀업 특유의 기법은 꽤 매력적이다. 텔레비전 프로그램인 '프로파일러(*Profiler*, NBC, 1996~2000)', '마인드헌터(*Mindhunter*, 넷플릭스, 2017~2019)'와 같은 프로그램이 인기를 끄는 것도 당연하다. 모두 221B 베이커가의 탐정이 쓰던 기술에 뿌리를 두고 있다.

홈스가 가상의 인물이며 코난 도일은 홈스가 입을 열기 전부터

FBI 행동과학분석부

FBI의 행동과학분석부는 1970년대에 행동과학부라는 명칭으로 창설한 부서다. 당시에는 강력 범죄자의 행동을 정밀하게 분석하는 역할을 했다. 프로파일링의 수준은 시간이 가면서 정밀해졌고 1990년대 이후로는 테러와 강도를 포함한 여러 분야에도 프로파일링을 도입했다.

어떤 추리를 할지 다 알고 있다는 사실을 잊기 쉽다. 홈스의 추리는 언뜻 과학적으로 보일지 모르겠지만, 언제나 검증이나 반복 가능한 증거에 뿌리를 두지는 않는다. 현대 프로파일링이 사람이라면 누구나 느끼는 본능보다 더 정확하다는 확실한 증거도 없다. 따라서 프로파일링이 '콜드 리딩'보다 약간 나은 수준의 의사 과학이라고 치부하는 사람도 있다.

과학으로 검증할 수 있든 없든, 홈스가 사람의 마음을 간파하는 능력이 뛰어나다는 점은 의심의 여지가 없다. 홈스는 조사이어 앰벌리(*Josiah Amberley*)(『은퇴한 물감 제조업자』), 메리 서덜랜드(*Mary Sutherland*)(『신랑의 정체』), 마리아 깁슨(『토르교 사건』), 호더네스 공작(『프라이어리 스쿨』)을 대할 때도 빛나는 통찰력을 활용해 속을 훤

콜드 리딩

콜드 리딩은 '독심술사'가 쓰는 기술로 유명하다. 상대의 몸과 행동을 관찰하여 정보를 얻는 행위를 콜드 리딩이라고 한다. 보통 옷, 손동작, 억양 따위에 집중한다. 하지만, 콜드 리딩을 전문 수사에 도입하면 검문과 같은 작업에서 편견에 치우칠 우려가 있다. 홈스의 프로파일링은 과학에 근거한 분석보다는 콜드 리딩에 가깝다.

히 들여다보면서 정보를 캐낸다. 홈스가 환생한다면 아마 뛰어난 정신과 의사가 될 것이다.

변장

변장이 과학인지 예술인지 따지는 일은 무의미하다. 다른 사람의 페르소나를 복사하는 일은 단순한 모방이 아니다. 상대의 심리 특징을 파악하고 따라 하는 능력이 필요하기 때문이다. 간단하게 살펴보자.

사람은 문명을 이룰 때부터 변장을 했다. 고대 그리스 신의 우두머리, 제우스(Zeus)역시 자주 모습을 바꾸었다. 여러 시대의 첩자 역시 마찬가지였다. 보스턴 차 사건의 주동자도 분장을 했으며 홈스도 변장의 명수였다. 홈스가 변장하는 곳은 베이커가에 있는 숙소뿐만이 아니다. '런던에 최소 다섯 군데의 은신처가 있으며 그곳에서 완전히 다른 사람으로 신분을 바꾼다'라는 왓슨의 설명에서 알 수 있는 부분이다(『블랙 피터』). 신분을 바꾼다는 표현에 주목하라. 홈스의 변장은 절대 단순하지 않다.

홈스는 가끔은 따라 하기 쉬운 사람으로 모습을 바꾼다.《프랜시스 카팍스 여사의 실종》에서 프랑스 노동자로,《보헤미아의 스캔들》에서 목사로 변장한 사례가 여기에 해당한다. 메소드 연기를 펼치며 완전히 다른 사람으로 분할 때도 있다. 가장 좋은 예시가 《마지막 인사》다. 첩자인 앨터몬트로 변신하는 데는 2년이 걸렸는데, 억양과 습관을 바꾸고 비밀 조직에 들어가 무법 생활까지 해야 했다. 홈스의 성격이 형성된 어린 시절에 대한 단서가 없으므로 확신할 수는 없지만, 무척 빠르고 감쪽같이 신분을 바꿀 수 있는 이유는 홈스 본인조차 자신의 정체성을 정확하게 모르기 때문으로 보인다.

셜록 홈스 정전에 등장하는 인물 중 변장에 뛰어난 사람은 홈스만이 아니다. 네빌 세인트 클레어(『입술이 비뚤어진 남자』)와 제퍼슨 호프(『주홍색 연구』)는 변장의 달인인 홈스도 속여넘겼다. 빅토리아 시대 말기의 안개 자욱한 런던 지하세계는 겉으로 보이는 것만 믿어서는 안 되는 곳이었다.

10장

이론과학

홈스는 실용성을 중요하게 생각한다. 자기 일과 관련 있는 이론에만 흥미를 보인다는 말이다. 앞에서 언급한 대로, 태양계의 작용에 관심이 없다고 말한 이유도 여기에 있다(19쪽 참고). 이 가설을 증명하기 위해, 홈스가 이론과학에 보인 반응을 추려내어 간단하게 살펴보도록 하겠다.

화학

홈스는 집착에 가까울 정도로 화학에 관심이 많다. 우리가 홈스를 처음 만났을 때, 홈스는 혈흔을 찾는 방법을 연구하고 있었다. 모리아티와 결투를 벌인 뒤에는 몽펠리에로 가서 '몇 달 동안 콜타르 유도체를 연구하는 일'에 몰두했다.《글로리아 스콧호》에서는 7주 동안 '유기화학 실험'에 빠져 있었다. 왓슨은 하숙방이 '언제나 화학 물질로 가득하다'고 말했으며 (『머즈그레이브 전례문』) 홈스가 '자신의 스크랩북과 화학 물질'이 없으면 '불편해한다'라고 표현했다(『세 학생』).

화학이 등장하는 부분을 모두 살펴봤을 때, 홈스가 뛰어난 화학자라고 할 수 있는가? 전문가들은 의견이 갈린다. 아이작 아시모프*(Isaac Asimov)* 교수는 홈스를 '서투른' 화학자라고 생각한다. 반면, 제임스 오브라이언*(James O'Brien)* 교수는 홈스를 '괴짜' 화학자라고 본다(참고문헌에 있는 오브라이언의 저서 참조). 저명한 두 학자는《블루 카번클》에 등장하는 보석의 정체에 의구심을 품었으며 헨리 바스커빌 경을 쫓았던 사냥개의 입에 묻은 물질에 관해 왓슨에게 의문을 제기할 기세였다(왓슨이 인이라고 했다). 또한, '산화바륨의 중황산염'이라는 용어에 문제가 있다고 지적할지도 모르겠다(『신랑의 정체』). 하지만, 모두 일반 독자에게 크게 중요하지 않은 부분이다. 그럴듯하게 느껴진다면, 그것으로 충분하다.

카스틀 메이어 검사

20세기 초에 고안한 검사법이다. 페놀프탈레인으로 만든 시약이 헤모글로빈과 만나면 특정 조건에서 분홍색으로 변하는 원리로 혈흔을 찾아낸다.

게다가, 홈스의 화학 지식은 웬만하면 맞다. 산에 대해 말할 때도 틀린 부분이 없었다. 물론, 부주의하게 다루어서 손에 '강산에 녹아 색이 변한' 자국이 남았고 '화학용품을 쌓아둔 구석'의 '테이블은 산으로 얼룩진 상태'였지만 말이다. 홈스가 왓슨을 처음 만났을 때 하던 혈흔 실험은 나중에 학계의 인정을 받았다. 일부는 홈스가 개발한 방식을 1세기가 지나서도 사용하고 있다고 주장한다.

천문학, 지질학, 환경

오브라이언은 홈스의 천문학 지식이 '전무'하다는 왓슨의 의견에 동의하지 않는다(『주홍색 연구』). 왓슨이 잘 모르고 판단했거나 홈스가 나중에 천문학 연구를 따로 했다는 논리다. 정전에서 총 세 개의 증거를 찾을 수 있다. 가장 확실한 증거는《그리스어 통역관》에 등장한다. 홈스와 왓슨이 골프채와 지구 자전축의 기울기에 관하여 잡담을 나누는데, 이는 '황도경사각'이라는 개념으로 천문학 지식이 전무한 사람이라면 도저히 알 수 없는 내용이다.

오브라이언은 홈스의 지질학 지식에 관해서도 첨언했다. 정보가 거의 없기는 하지만, '실생활에 응용이 가능하나, 한정적이다'라는 왓슨의 평가는 어느 정도 타당하다는 입장이다. 신발과 옷에

묻은 흙을 보고 어디를 다녀왔는지 알아냈다는 점에서 (물론, 문제
의 붉은 흙이 웨스트 컨트리에서 나온다는 사실을 아는 데 지질학 학위가
필요하지는 않다) 확실히 실용적인 수준이 맞다. 한정적이다는 말도
사실이다. 하지만, 흙만 보고 런던의 어느 지방에서 퍼낸 것인지
맞히는 사람은 존재하지 않는다. 코난 도일이 재미를 위해 현실성
을 희생한 또 다른 사례로 볼 수 있다.

맺는말

본 책을 다시 한번 살펴보면, 재미있는 점을 몇 가지 찾을 수 있다. 첫째, 초기 셜록 홈스 시리즈 10편(장편과 단편)에 관한 언급은 87가지나 되지만, 마지막에 쓴 10편에 관한 언급은 32번에 불과하다. 첫 10편에는 장편이 두 개 있으므로 마지막 10편보다 양이 더 많다는 사실은 고려해야 한다(12만 8,220단어와 6만 7,050단어). 하지만, 시간이 흐르면서 홈스가 과학이나 법과학에 대한 언급을 크게 줄였다고도 해석할 수 있다.

《과학자로서의 셜록 홈스(*The Scientific Sherlock Holmes*)》에서 오브라이언도 비슷한 현상 하나를 발견했다. 또한, 이야기의 인기가 (품질) 과학과의 연관성과 관련이 있다고 주장했다. 간단히 말해, 과학이 많이 등장할수록 좋은 이야기라는 뜻이다. 왜? 브라이언에 따르면, 과학이 '생동감과 복잡성'을 높이기 때문이다. 나는 '현실성'과 '정확성'을 높인다고 첨언하겠다.

최초의 과학 탐정이 빅토리아 말기 영국에 뿌리내릴 수 있던 이유도 여기에 있다. 하지만, 20세기로 넘어가면서 코난 도일(그리고 홈스)을 포함한 불확실한 현실에 직면했고, 과학의 유익함에 대한 신뢰가 떨어졌다. 과학의 발전을 따라가지 못하게 된 저자는 자신의 이야기에서 과학이 차지하는 비중을 줄여나갔다.

미국과 독일의 과학 기술은 대영 제국을 순식간에 앞질렀다. 과학이 이끄는 사회주의(공산주의)는 기존 사회 질서를 위협했다. 남성의 지배와 리더십은 이제 당연시되지 않았다. 새로운 기술은 지금까지와 비교도 할 수 없을 만큼 암울한 전쟁을 예고했다. 심리학자는 한때 오해와 무시를 받던 주장인 인간의 영혼이 이해하기 어려울 정도로 깊고 복잡하다는 이론을 다시 꺼내 들었다. 특수상대성이론과 일반상대성이론(1905년과 1916년에 발표)은 과학을 포함한 여러 분야의 확실성을 뒤흔들었다.

무서울 정도로 새로운 신세계 속에서 홈스는 점점 시대에 뒤떨어져 갔다. 입체적이고 상대적인 세상은 추리만으로 헤쳐나갈 수 없었다. 왓슨에게는 미안하지만, 이제 기본은 없다.

본 책의 두 번째 특징은 과학적 사실의 진위에 대한 저자의 관대한 태도다. 코난 도일은 과학 교육을 받은 명석한 작가로, 젊은 시절에 쌓은 전문 지식을 이야기에 절묘하게 버무렸다.

　이미 앞에서 언급했듯이, 시간에 지나면서 코난 도일의 지식은 시대에 뒤떨어졌다. 사실, 초창기부터 소설에 등장하는 사실을 주의 깊게 검증하지 않았다(앤드루 리케트는 '습관적인 부주의'라는 말로 표현한다). 또한, 의사 과학을 진짜 과학이라고 주장하기도 했다.

　논평가들이 이러한 문제를 어디까지 무시하거나 감쌀 수 있을지 궁금하다. 셜록 홈스는 다른 많은 영웅처럼 단점을 지적하기 어려울 정도로 대단한 위치에 올랐다. 추종자들은 홈스가 허구의 인물이 아니라 피와 살이 있는 진짜 사람인 것처럼 실수를 궤변으로 옹호하기 바쁘다. 왓슨이 잘못 기록했다고 주장하거나 탐정에게 감히 의문을 제기하는 사람을 빅토리아 말기라는 시대적 배경을 이해하지 못하는 일자무식으로 몰아간다는 말이다.

　진실은 간단하다. 코난 도일은 내키지 않는 과학자의 길을 걸었다. 안정적인 직업을 얻기 위해 의학 대학교에 진학했고 작가가 되었다. 그리고 마음이 콩밭에 있었다. 셜록 홈스는 주 관심사가 아니었다. 코난 도일은 홈스를 두 번이나 죽이려고 했다. 《주홍색 연구》가 베스트 셀러가 되지 못했을 때가 첫 번째였고 셜록 홈스 시리즈에 싫증을 느끼고 문예 소설에 전념하려고 마음먹었을 때가 두 번째였다(라이헨바흐 폭포로 밀어 넣었다).

셜록 홈스 이야기는 마감에 맞추기 위해 서둘러 썼다. 작가들이 책에 등장하는 사소한 사실을 검증하기 위해 몇 시간씩 시간을 투자하는 이유가 무엇일까? 독자의 즐거움을 위해서다. 하지만, 코난 도일은 셜록 홈스의 총명함에 모든 것을 맡겼다. 앤드루 리케트는 한발 더 나아가 셜록 홈스 이야기는 단순히 '코난 도일의 어머니가 좋아한 기사도 이야기를 상업적 가치가 있도록 손 본 결과물'이라고 표현한다.

이러한 상황을 고려할 때, 4편의 장편 소설과 56편의 단편 소설에서 과학이 풍부하게 등장한다는 사실은 주목할 만하다. 작가는 과학적 방법과 지식을 이용해 셜록 홈스 시리즈의 현실성을 높이고 진보가 멀기만 한 꿈이 아니라 분명한 현실이라는 긍정적인 사실을 확신시켰다.

감사의 말

컴퓨팅에 관한 조언을 제공한 조슈아 라벤*(Joshua Laban)*에게 고맙다고 말하고 싶다. 로렌 쿠퍼*(Lauren Cooper)*는 내 서투른 법과학 지식을 교정해 주었으며 에밀리 모한*(Emily Mohan)*은 수사 지식을 가르쳐 주었다. 편집자인 가브리엘라 네메스*(Gabriella Nemeth)*는 언제나 침착한 조력자가 되어주었다. 항상 그렇듯이, 값진 조언과 도움을 아끼지 않은 아내, 루시*(Luicy)*에게도 진심으로 감사를 보낸다.

스튜어트 로스

참고문헌

셜록 홈스 장편과 단편은 다양한 판으로 판매되고 있으며 대부분은 인터넷에서 구할 수 있다. 셜록 홈스 시리즈와 관계된 책, 기사, 웹사이트 중 특히 재미있고 유용한 것을 추려보았다.

도서

윌리엄 S. 바링 굴드(William S. Baring-Gould), ed.,《주석 달린 셜록 홈스(The Annotated Sherlock Holmes)》, 머레이(Murray), (2권, 1968년)

브라이슨 고어(Bryson Gore)와 앤서니 J. 리처드(Anthony J. Richards), 《홈스와 화학 그리고 왕립 기관,(Holmes, Chemistry & The Royal Institution)》, 런던 셜록 홈스 협회(Sherlock Holmes Society of London), (1998년 출판)

앤드루 리세트, 《코난 도일: 셜록 홈스를 만든 남자(The Man Who Created Sherlock Holmes)》, 피닉스(Phoenix) (2008년 출판)

제임스 오브라이언(James O'Brien), 《과학자로서의 셜록 홈스(The Scientific Sherlock Holmes)》, 옥스퍼드 출판사(Oxford) (2017년 출판)

제임스 리드(James Reed), 《의학의 관점에서 본 셜록 홈스의 모험(A Medical Perspective on the Adventures of Sherlock Holmes)》, BMJ, https://mh.bmj.com/content/27/2/76

로널드 R. 토마스(Ronald R. Thomas), 《탐정 소설과 법과학의 대두(Detective Fiction and the Rise of Forensic Science)》, 케임브리지 대학교 출판사 (2003년 출판)

H. J 바그너(H. J. Wanger), 《셜록 홈스의 과학(The Science of Sherlock Holmes)》, 윌리(Wiley) (2006년 출판)

웹사이트

탄도학: https://ifflab.org/the-history-of-forensic-ballisticsballistic-fingerprinting/

쿠라레: https://www.rcpe.ac.uk/sites/default/files/curare.pdf

법과학: http://www.drroberting.com/articles/holmes. pdf

홈스와 철도: https://www.btphg.org.uk/?page_id=4808

칼을 사용한 범죄: https://emedicine.medscape.com/article/1680082- overview

광학 기술: https://www.smithsonianmag. com/arts-culture/sherlock-holmes-and-the-tools-ofdeduction-10556242/

55쪽에 등장하는 헬렌 페퍼의 관찰:

https://www. adgarrett.com/observation-at-crime-scenes, accessed 22/11/2019

발자국 세션(95쪽)은 제임스 오브라이언의 《과학자로서의 셜록 홈스(The Scientific Sherlock Holmes)》(옥스퍼드 출판사, 2017년 출판)과 앨리슨 매튜 데이비드(Alison Matthews David)의 기사, '첫인상: 족적이 범죄 현장의 법의학적 증거로서의 활용, 소설과 현실(First Impressions: Footprints as Forensic Evidence in Crime in Fact and Fiction)'에서 많은 도움을 받았음

https://www.euppublishing.com/doi/full/10.3366/cost.2019.0095 (2019년 12월 9일 접속)

옮긴이 **박지웅**

울산과학대학교 화학공업과 중퇴 후 사이버한국외대 영어통번역학과에서 재학 중이며, 현재 번역에이전시 엔터스코리아에서 과학 분야 전문 번역가로 활동하고 있다.

주요 역서로는 《마블이 설계한 사소하고 위대한 과학: 슈퍼 히어로는 어떻게 만들어질까?》, 《한 권으로 이해하는 양자물리의 세계(CRACKING QUANTUM PHYSICS)》, 《마음챙김에 대한 거의 모든 것: 일러스트와 함께하는 단계별 마음챙김 명상 안내서》, 《커피 칵테일: 세계적인 바텐더 제이슨 클라크가 알려주는 커피 칵테일 레시피 60》, 《위대한 도시에는 아름다운 다리가 있다: 공학으로 읽고 예술로 보는 세계의 다리 건축 도감》, 《전원생활자를 위한 자급 자족 도구 교과서: 화덕 팔레트 화분 울타리 빗물통 비닐하우스 펫 도어 작물 건조대 흙체》, 《더미를 위한 천문학》, 《신비의 섬 작은 멋쟁이 크레스티드 게코》가 있으며, 명상 관련 어플리케이션을 번역하였다.

셜록 홈스의 과학수사

초판 1쇄 발행   2025년 3월 27일

지은이   스튜어트 로스
옮긴이   박지웅
발행인   곽철식

책임편집   김나연
마케팅   박미애
디자인   박영정

펴낸곳   다온북스
인쇄   영신사

출판등록   2011년 8월 18일 제311-2011-44호
주소   경기도 고양시 덕양구 향동동391 향동dmc플렉스데시앙 ka1504호
전화   02-332-4972   팩스   02-332-4872
전자우편   daonb@naver.com

Copyright © Michael O'Mara Books Limited 2020

ISBN   979-11-93035-62-7 (03410)

- 이 책은 저작권법에 따라 보호받는 저작물이므로 무단 전재와 무단 복제를 금하며,
  이 책의 내용의 전부 또는 일부를 사용하려면 반드시 저작권자와 다온북스의 서면 동의를 받아야 합니다.
- 잘못되거나 파손된 책은 구입한 서점에서 교환해 드립니다.

- 다온북스는 독자 여러분의 아이디어와 원고 투고를 기다리고 있습니다.
  책으로 만들고자 하는 기획이나 원고가 있다면, 언제든 다온북스의 문을 두드려 주세요.